W0040863

Delegieren

Dr. Reinhold Haller

Inhalt

Was Sie durch Delegieren gewinnen   **5**
- Testen Sie Ihr Delegationsverhalten   6
- Freiräume schaffen für wichtige Führungsaufgaben   10
- Gemeinsam bessere Ergebnisse erzielen   18

Richtig delegieren von Anfang an   **23**
- Welche Aufgaben sind delegierbar?   24
- Welche Mitarbeiter sind für die Delegation geeignet?   29
- Aufgaben smart delegieren   39
- Ein Delegationsgespräch führen   46
- Verbindlichkeit schaffen   54

Nachhaltigkeit schaffen   **59**
- Als Auftraggeber den Überblick behalten   60
- Vertrauen oder kontrollieren?   65
- Berichte als idealer Kontrollmechanismus   68
- Rückdelegation vermeiden   73

Mitarbeiter fördern und fordern   83

- Was Mitarbeiter erwarten   84
- Mitarbeiter durch gezielte Delegation entwickeln   87
- Wie Sie mit Delegation motivieren   96
- Mitarbeiter coachen   100

Delegationspraxis optimieren   105

- Aktiv delegieren will gelernt sein   106
- Analysieren Sie Ihre Situation   107
- Setzen Sie die richtigen Prioritäten   119

- Stichwortverzeichnis   124

Vorwort

Von jeder Führungskraft wird erwartet, dass sie effizient delegiert. Denn nur so kann sie ihren eigentlichen Aufgaben nachkommen, vor allem der Planung und der Mitarbeiterführung.

Doch die Realität sieht anders aus. Viele Führungskräfte mischen sich zu stark ins operative Geschäft ein oder halten an Aufgaben fest, die ihre Mitarbeiter genauso gut erledigen könnten. So unterschiedlich die Gründe dafür sind, der Effekt ist immer derselbe: Wer zu wenig delegiert, bezahlt mit Überstunden, Stress und Überlastung. Umgekehrt gilt: Wenn Mitarbeiter keine herausfordernden Aufgaben erhalten, werden sie immer unselbständiger. Was die Führungskraft wiederum daran hindert, Verantwortung abzugeben. Ein Teufelskreis.

Dieser TaschenGuide hilft Ihnen, Ihr Delegationsverhalten Schritt für Schritt zu optimieren. Sie lernen, wo die Vorteile dieses Führungsinstruments liegen und wie Sie es richtig einsetzen. Sie erfahren, wie Sie Ihre Mitarbeiter richtig einschätzen und eine Delegation von Anfang an zielgerichtet durchführen, ohne in die Falle der Rückdelegation zu tappen.

Wenn Sie die Kunst des Delegierens beherrschen, können Sie Ihre Mitarbeiter motivieren und gezielt weiterentwickeln – und werden als Führungskraft noch erfolgreicher sein.

Dr. Reinhold Haller

Was Sie durch Delegieren gewinnen

Als Führungskraft stehen Sie immer wieder vor neuen Herausforderungen. Viele davon können Sie nur zusammen mit Ihren Mitarbeitern bewältigen. Im Führungsalltag bedeutet dies konkret: Sie müssen die entsprechenden Aufgaben verteilen.

In diesem Kapitel erfahren Sie,

- was es heißt, Führung zu übernehmen und was das Delegation als Führungsinstrument bedeutet,
- warum regelmäßiges Delegieren für Ihren Erfolg so wichtig ist und
- warum auch Ihre Mitarbeiter davon profitieren.

Testen Sie Ihr Delegationsverhalten

Der britische Organisationssoziologe C. N. Parkinson erkannte: „Das grundlegende Geheimnis der Kunst des Managens besteht im Delegieren." Wie steht es mit dieser Kunst bei Ihnen? Mit dem folgenden Test können Sie prüfen, ob Sie dieses Instrument in Ihrem Berufsalltag ausreichend nutzen. Kreuzen Sie an, in welchem Maße die Aussagen auf Sie zutreffen. Die Skala reicht von 1 („trifft nicht zu" bzw. „trifft nie zu") bis 6 („trifft voll zu" bzw. „trifft immer zu").

	Wie gut delegieren Sie?	1	2	3	4	5	6
1.	Ich habe einen hohen Qualitätsanspruch und erledige wichtige Aufgaben deshalb lieber selbst.						
2.	Meine Aufgabenliste ist voll mit gleichzeitig oder kurzfristig zu erledigenden Aufgaben.						
3.	Wenn ich Aufgaben delegiere, erwarte ich, dass sie genau so erledigt werden, wie ich sie selbst ausgeführt hätte.						
4.	Ich arbeite mehr als 8-9 Stunden täglich.						
5.	Delegieren lohnt nicht: Bis ich die Aufgabe, Ziele und Hintergründe ausreichend erklärt habe, habe ich sie längst selbst erledigt.						

Wie gut delegieren Sie? | 1 | 2 | 3 | 4 | 5 | 6 |

6. Mir fehlt die Zeit, mich um mein Team oder um schwächere Mitarbeiter zu kümmern.

7. Ich verliere vor lauter (Einzel-) Aufgaben den Überblick über die Prioritäten.

8. Ich unternehme Dienstreisen, die meine Mitarbeiter auch für mich machen könnten.

9. Was in meinem Verantwortungsbereich passiert, muss ich auch im Detail kennen.

10. Ich bin seit einiger Zeit überarbeitet, weil ich zu viele Baustellen habe.

11. Meine Mitarbeiter wünschen sich höherwertige Aufgaben und mehr Anerkennung.

12. Wenn ich meinen Mitarbeitern eine Aufgabe delegiere, stehen sie eine Stunde später in meinem Büro und fragen um Hilfe.

13. Durch die Aufgabenfülle und den Zeitdruck verliere ich die wichtigen Ziele aus dem Blick.

Wie gut delegieren Sie?	1	2	3	4	5	6
14. Ich nehme mir Arbeit mit nach Hause und arbeite am Wochenende oder im Urlaub an beruflichen Themen oder Projekten.						
15. Meine Anerkennung als Führungskraft geht darauf zurück, dass ich fachlich der Beste in meinem Team bin.						
16. Ich nehme an Besprechungen teil, deren Inhalte aus kleinteiligen, operativen Themen bestehen, die mich nur indirekt betreffen.						
Summe der Punkte						

Auswertung

76–96 Punkte: Womöglich sind Sie bereits deutlich überlastet. Sie sollten nicht nur dringend Ihr Delegationsverhalten ändern, sondern auch Ihre Einstellung zum Delegieren prüfen. Klären Sie, was Sie am Delegieren hindert.

56–75 Punkte: Sie können Ihr Delegationsverhalten noch deutlich optimieren. Womöglich nutzen Sie Delegation noch zu unregelmäßig oder unsystematisch.

36–55 Punkte: Zwar delegieren Sie schon recht gut. Sie könnten aber ökonomischer (effizienter) arbeiten und Ihre Mitarbeiter mehr beteiligen. Dies schafft mehr Selbstbestätigung, Selbstvertrauen und Zielorientierung bei Ihren Mitarbeitern.

16–35 Punkte: Sie können gut delegieren. Verleihen oder verschenken Sie diesen Ratgeber an bedürftigere Kollegen, Vorgesetzte oder Freunde.

Neben diesen quantitativen Aussagen geben Ihnen einzelne Antworten Hinweise auf Ihre Einstellung:

- Sie stimmen den Fragen 1, 3, 5, 9 und 15 überwiegend zu: Ihr Verständnis von Delegation beruht auf Vorurteilen oder Missverständnissen. Dazu sollten Sie wissen, dass Delegation Ihre Führungskompetenz stärkt. Wie, erfahren Sie weiter unten in diesem Kapitel.

- Wenn Sie den Fragen 1, 5, 8, 12, 16 überwiegend zugestimmt haben, deutet dies darauf hin, dass Sie zu wenig Vertrauen in Ihre Mitarbeiter haben. Prüfen Sie, ob dies durch bessere Delegation und differenzierte Kontrolle änderbar ist. Dazu mehr insbesondere im zweiten und dritten Abschnitt dieses Buchs.

- Wenn Sie den Fragen 3, 5, 6, 11 und 15 überwiegend zugestimmt haben, nutzen Sie Delegation nicht ausreichend als Führungsinstrument. Lesen Sie dazu den vierten Abschnitt „Mitarbeiter fordern und fördern".

Im Folgenden erfahren Sie zunächst, worin genau Ihre Vorteile liegen, richtig, umfassend und motivierend zu delegieren.

Freiräume schaffen für wichtige Führungsaufgaben

Der amerikanische Topmanager J. Stack hat einmal gesagt: „Mit jedem Paar Hände, das dir Arbeit abnimmt, bekommst du einen freieren Kopf." Den freien Kopf brauchen Sie als Führungskraft, um die vielzähligen Anforderungen zu meistern, die an Sie herangetragen werden. Egal, ob Sie nur fachlich oder auch disziplinarisch führen, ob Sie als Geschäftsführer, Abteilungsleiter, Projekt- oder Teamleiter tätig sind. Doch Arbeit wie selbstverständlich an Mitarbeiter abzugeben – am besten durch systematisches Delegieren – ist nach der Erfahrung vieler Führungskräfte gar nicht so einfach.

Beispiel: Schnell losgelegt!

 Abteilungsleiter Müller ist für die Finanzbuchhaltung eines mittelständischen Betriebes verantwortlich. Auf einem Meeting der verantwortlichen Führungskräfte fragt der Geschäftsführer nach der Entwicklung der Umsatzzahlen in einem speziellen Geschäftsbereich für den Zeitraum der letzten fünf Jahre. Der pflichtbewusste Herr Müller ist bestrebt, zeitnahe und exakte Auskünfte zu geben. Also verspricht er dem Geschäftsführer die Zahlen für den gleichen Nachmittag. Sofort nach der Besprechung ruft er die Daten ab und analysiert sie. Alles andere lässt er erst mal liegen.

Alles Chefsache?

Hätte Herr Müller so aktionistisch handeln müssen? Es hätte auch gereicht, wenn er dem Geschäftsführer versprochen hätte, die gewünschten Daten bis zum nächsten Vormittag durch seinen Mitarbeiter, Herrn Schulze, liefern zu lassen.

Schließlich ist die Zusammenstellung finanztechnischer Zahlen keine Aufgabe, die man zur Chefsache machen muss. Doch viele Führungskräfte machen genau diesen Fehler: Sie übernehmen zu viele operative Aufgaben.

> Sie sollten keine Aufgaben übernehmen, die genauso gut bei Ihren Mitarbeitern liegen können. Wenn Sie das regelmäßig tun, arbeiten Sie am Ende für Ihre Mitarbeiter anstatt umgekehrt.

Ein Symptom dafür ist auch, dass diese Führungskräfte kaum Zeit finden, sich um ihre eigene Entwicklung zu kümmern. Wer aber seine eigene Weiterbildung vernachlässigt, den Austausch mit Kollegen oder den Kontakt in Netzwerken, der vernachlässigt langfristig seine Qualifikation und damit seine Laufbahn oder Karriere. Sich hierfür keine Zeit zu nehmen, kann sich letztlich keine Führungskraft leisten.

Die Alternative: Führung übernehmen durch Delegation

Grundsätzlich sollten Sie sich als Führungskraft entscheiden, ob Sie Ihre Rolle eher als Gärtner oder als Landschaftsarchitekt sehen wollen: Wollen Sie gestalten oder wollen Sie ein ausführendes Organ sein?

Noch vor einigen Jahrzehnten war die klassische Führungskraft der fachlich Erfahrenste, der mit geübter Routine und erworbenem Vertrauen die korrekte Umsetzung der Arbeiten veranlasste. Heute genügt dies nicht mehr. Zum modernen Führungsverständnis passt eher die Rolle des Landschaftsarchitekten. Als solcher müssen Sie nicht selbst in der Lage sein, einen Obstbaum zu beschneiden, eine Drainage zu graben oder Saatgut fachgerecht auszubringen (auch wenn diese Fähigkeiten nicht schädlich sein müssen). Wichtiger ist, dass Sie eine Vorstellung vom fertigen, funktionierenden Ganzen – Ihrem „Garten" – besitzen und in der Lage sind, diese Vorstellungen mit Hilfe Ihrer Mitarbeiter erfolgreich umzusetzen.

> Als gute Führungskraft besitzen Sie strategische und organisatorische Fähigkeiten und verstehen sich selbst weniger als operativer Handwerker.

Die strategische Planung hat Priorität

Gefragt sind heute solche Führungskräfte, die strategisch denken und Initiative ergreifen. Die folgende Tabelle zeigt, worin die strategischen Kompetenzen bestehen.

Strategische Kompetenzen

Außenorientierung: systematisches Beobachten von Entwicklungen, Trends und Impulsen des Marktes oder der Auftraggeber

Innenorientierung: systematisches Beobachten der eigenen Organisation, von Entscheidungsträgern, sowie Impulse in die eigene Organisation

Kundenorientierung: systematisches Beobachten der Interessen, Bedürfnisse und Trends der Kunden sowie Impulse für relevante Produkte / Prozesse

Best-Practice-Orientierung: beständige Optimierung eigener Prozesse / Produkte anhand von Kennzahlen und Vergleich mit Mitbewerbern

Strategische Kompetenzen

Innovationsfähigkeit: Vermögen, Strukturen und Prozesse neu denken und den Verantwortungsbereich neu gestalten

Zielorientierung: Visionen und Ziele prägnant, nachvoll-ziehbar (messbar) formulieren und verständlich erklären

Auszug aus einem Anforderungsprofil für Führungskräfte der Personalagentur Heidrick & Struggles

Im besten Fall werden Führungskräfte geschätzt, die bereit und in der Lage sind, „Führung von unten" zu betreiben. Was nichts anderes bedeutet, als den eigenen Vorgesetzten sagen zu können, was warum zu tun ist, wie es zu tun ist, mit welchen Mitteln und wann. Strategische Kompetenzen lassen sich nicht nebenbei unter Beweis stellen. Im Gegenteil, als Führungskraft müssen Sie dafür umfassende und sorgfältige Informations-, Kommunikations-, Abstimmungs- und Planungsarbeit leisten. Dafür bleibt nicht genug Zeit, wenn Sie sich auch noch über die Maßen ins operative Geschäft einmischen.

Beispiel: „Schön, dass der Chef mit anpackt"

 Der Leiter einer Einkaufsabteilung, Herr Müller, steht mit seinem Team unter Druck. Der Ausbau der Produktion und ein neues Joint Venture haben das Auftragsvolumen um rund ein Drittel erhöht. Als gelernter Einkäufer sieht sich Herr Müller in der Pflicht, drei größere Beschaffungsprozesse selbst zu übernehmen, wofür er von seinen Mitarbeitern ausdrücklich gelobt wird. Leider hat er durch diese operative Mehrbelastung kaum noch Zeit, sich um Aufgaben zu kümmern, die ihn und sein Team nachhaltig ent-lasten würden: Aufstockung des Personals, Optimierung der Pro-zesse, Auslagerung von Teilprozessen etc. Aus einem temporären Belastungsproblem droht eine Dauerbaustelle zu werden.

Elemente der strategischen Planung

Strategische Führung bedeutet, dass Sie wissen, wohin Sie mit Ihrem Team überhaupt wollen. Das klingt selbstverständlich. Dennoch fehlt Führungskräften dafür nicht selten ein Plan.

Die strategische Führung beinhaltet eine mittel- bis langfristige Unternehmensplanung hinsichtlich wünschenswerter und realisierbarer Zielsetzungen und deren Umsetzbarkeit. Sie dient der Führungskraft als Handlungsleitfaden und den Mitarbeitern als Orientierung für ihre operativen Ziele und deren Sinnhaftigkeit.

Aus welchen Elementen die Planung besteht, veranschaulicht die Planungspyramide.

Die Planungspyramide: Aus der Vision werden Ziele und Maßnahmen abgeleitet.

- Die **Vision** klärt die Zielrichtung der Organisation oder Abteilung, etwa mit der Fragestellung: Wo wollen wir in zwei, drei oder fünf Jahren im Wettbewerb stehen? Was genau wollen wir dann erreicht haben?

- **Ziele** beschreiben untergeordnete, operative (Grob-) Ziele, deren Erreichung für die Vision notwendig sind (Qualitäts- oder Produktmerkmale, Mengen- oder Umsatzzahlen.)

- **Strategie**: „Die Strategie ist eine Ökonomie der Kräfte." (K. von Clausewitz, preußischer General, 1780 – 1831). Damit bedeutet Strategie vor allem, Prioritäten zu setzen, also nicht zu viele unterschiedliche Ziele mit gleicher Priorität zur gleichen Zeit zu verfolgen.

- **Prozesse** beziehen sich auf Methoden, Verfahren oder Arbeitsabläufe, die eingeführt, optimiert oder verändert werden müssen, um – mit Hilfe der o. g. Strategien – die selbstgesetzten Ziele und damit die Vision zu erreichen.

- **Organisationsstrukturen** sollten so gewählt sein, dass sie den Prozessen folgen (nach dem Grundsatz der Organisationstheorie: „Structures follow function").

- Unter **Maßnahmen** sind alle konkreten Einzelschritte zu verstehen, die zur Umsetzung der Ziele notwendig sind.

Kehren wir noch einmal zurück zu Herrn Müller aus dem obigen Beispiel. Statt sich in Bestellprozessen, Verhandlungen und anderen operativen Belangen auszutoben, könnte der Einkaufsleiter folgende strategische Planung entwickeln:

Beispiel: Planungspyramide

> **Vision**: Wir wollen in unserem Marktsegment eine der 10 effizientesten Einkaufsabteilungen werden.
>
> **Ziel:** Im nächsten Geschäftsjahr werden wir die Beschaffungskosten um 15 % senken und dabei gleichzeitig die Beschaffungsvorgänge um 20 % beschleunigen.
>
> **Strategie:** Wir legen unser Hauptaugenmerk auf Just-in-Time-Aufträge, die ein entsprechendes Lieferanten-Portfolio und eine Automatisierung des Bestellvorgangs voraussetzen.
>
> Unsere **Prozesse und Strukturen** werden selbstkritisch analysiert und angepasst. Mögliche Optimierungspotenziale werden mit den notwendigen **Maßnahmen** zeitnah umgesetzt.

Diese Aufgaben werden Herrn Müller stark binden. Er wird Zeit brauchen, um die Leistungsfähigkeit seiner Abteilung mit anderen Beschaffungsorganisationen zu vergleichen und um sein Team auf einen Systemwechsel einzustimmen. Zudem muss er effiziente EDV-Tools auswählen und einführen. Dies alles wird er kaum bewältigen, wenn er sich ständig im Operativen verzettelt. Zudem hat er ja auch noch die sog. operativen Führungsaufgaben zu bewältigen.

Stärkung der operativen Führung

Anders als bei der strategischen Führung geht es bei der operativen Führung darum, die richtigen Werkzeuge einzusetzen, um die Mitarbeiter nachhaltig zu motiviertem, selbstständigem und effizientem (zielgerichtetem) Handeln anzuleiten. Insbesondere sollten Sie dazu die folgenden Instrumente nutzen:

- Ihre Mitarbeiter oder Ihr Team regelmäßig und umfassend informieren, z.B. über Ziele und Strategien des Unternehmens, Rahmenbedingungen, Sachverhalte oder Entwicklungen in Ihrer Abteilung etc.;

- Ihre Mitarbeiter auf die gemeinsame Vision und Ziele einschwören, indem Sie mit ihnen herausfordernde und erreichbare Ziele vereinbaren (im Jahres- bzw. Zielvereinbarungsgespräch) und anschließend verfolgen, ob diese Ziele auch erfüllt werden;

- Ihre Mitarbeiter oder Ihr Team fördern und entwickeln, z.B. in Team-Workshops oder Entwicklungstrainings, aber auch durch Delegation;

- Anerkennung und Kritik kommunizieren und Ihren Mitarbeitern ein zeitnahes Feedback geben;

- das richtige Personal auswählen und neue Mitarbeiter einarbeiten.

Damit sind Ihre Führungsaufgaben aber bei weitem noch nicht abgedeckt. Sie tragen als Vorgesetzter auch eine besondere Verantwortung in kritischen Situationen, z.B. wenn zwischen Ihren Mitarbeitern Konflikte entstehen, die Sie lösen müssen. Stehen Veränderungen im Unternehmen an, müssen Sie den Wandel konstruktiv mitgestalten (Change-Management). Unter Umständen müssen Sie unliebsame Entscheidungen kommunizieren bzw. umsetzen. Nicht zuletzt müssen Sie auch Ihre eigenen Einstellungen kritisch reflektieren, indem Sie sich zum Beispiel regelmäßig von Ihren Mitarbeitern oder Vorgesetzten Feedback geben lassen.

Wie zahlreiche Studien gezeigt haben, nehmen die strategische und operative Führung oft mehr als 50 Prozent der Zeit einer (effizienten) Führungskraft in Beschlag. Wichtiges Ziel bleibt folglich, dass Sie entsprechend Zeit und Ressourcen sichern – unter anderem durch konsequentes Delegieren nachrangiger Aufgaben an Ihre Mitarbeiter.

Gemeinsam bessere Ergebnisse erzielen

Unter den Fähigkeiten, die eine Führungskraft heute beherrschen muss, spielt die Delegationskompetenz mithin eine wichtige Rolle. Was aber versteht man darunter?

Die Personalagentur Heidrick & Struggles umschreibt Delegationskompetenz als die „Fähigkeit, Talente, Motivation und Kompetenz der Mitarbeiter/-innen einzuschätzen zu können und Aufgaben und Mittel zu übertragen." Das bedeutet: Delegieren funktioniert nicht ohne Verständnis für die individuellen Fähigkeiten der Mitarbeiter.

Delegation als Führungsinstrument nutzen

Für manche Führungskraft bedeutet Delegieren jedoch nicht mehr als das Abschieben unangenehmer, lästiger oder minderwertiger Tätigkeiten. Diese reduzierte Auslegung beschränkt sich auf das hierarchisch-autoritäre Weiterleiten von Aufgaben innerhalb einer Befehlskette (ähnlich dem Anweisen) und hat nichts gemein mit dem Führungsinstrument, um das es hier gehen soll.

Als Führungsinstrument bedeutet Delegation:

- die Übertragung einer Aufgabe an einen dafür geeigneten Mitarbeiter (Delegationsempfänger),

- zusammen mit Informationen über Anlass, Sinn, Zweck und Ziel der Aufgabe,

- mit gleichzeitiger Klärung der Befugnisse, die nötig sind, diese Aufgabe zu erfüllen,

- sowie ggf. der Abstimmung von Entscheidungsspielräumen bei der Umsetzung.

Erst wenn neben der inhaltlichen Aufgabe auch Verantwortung, Befugnisse und Entscheidungsspielräume definiert werden, entwickelt sich beim Delegationsnehmer das Gefühl, dass es wirklich seine (persönliche) Aufgabe ist. Erst dann kann sich neben der Pflichterfüllung die Identifikation mit der übernommenen Aufgabe einstellen; ein entscheidendes Merkmal für die „intrinsische", also die von innen heraus wirkende Motivation.

Unter der Bedingung, neben der Aufgabe auch Verantwortung zu delegieren, ist Delegation ein klassisches Führungsinstrument, das der Entwicklung und Motivation der Mitarbeiter dient.

Der Schlüssel zum Erfolg: Verantwortung delegieren

Die heutige Arbeitswelt ist vor allem durch Komplexität und Wandel geprägt. Immer wieder ändern sich die Marktbedingungen, und mit ihnen Organisationen, Prozesse und Aufgabengebiete von Führungskräften und Mitarbeitern. Entsprechend hoch ist der Bedarf an Mitarbeitern, die spezialisiert und qualifiziert sind. Für manche Aufgaben müssen Sie sich unter Umständen die Spezialisten erst heranziehen.

Als Führungskraft müssen Sie also dafür sorgen, dass sich Ihre Mitarbeiter permanent weiterqualifizieren. Das erreichen Sie unter anderem auch dadurch, dass Sie ihnen neue und anspruchsvolle Aufgaben übertragen. Aufgaben, durch deren selbstständige Bearbeitung ein Lerneffekt eintritt und die eine gewisse Herausforderung beinhalten.

Wenn Sie anspruchsvolle Aufgaben an Ihre Mitarbeiter übertragen, kann das etliche positive Effekte haben:

- Es fördert die Selbstständigkeit Ihrer Mitarbeiter,
- erweitert ihren Horizont und das Verständnis für die zu bewältigenden Herausforderungen,
- lässt langfristig neue Experten entstehen und
- steigert die individuelle Performance. Besonders kompetente Fachkräfte und kreative Mitarbeiter schätzen nämlich den Gestaltungsspielraum, den sie im Rahmen einer Verantwortungsdelegation erhalten.
- Es führt zu einem besseren Gefühl der „Selbstwirksamkeit". Das bedeutet: Dem Mitarbeiter wird bewusst, wozu er fähig ist und was er (für das Unternehmen) geleistet hat. In diesem Bewusstsein finden intrinsisch motivierte Mitarbeiter ihre Bestätigung.
- Es fördert das Gefühl, wertgeschätzt zu werden, wenn der Erfolg sichtbar und anerkannt wird.

- Mit der Delegation anspruchsvoller, verantwortungsvoller Aufgaben beweisen Sie Mitarbeitern Ihr Vertrauen und Ihre Wertschätzung.

Delegation sorgt nicht nur für eine bessere Auslastung Ihrer Mitarbeiter, sondern steigert – richtig verstanden und genutzt – auch deren Zufriedenheit.

Auf den bewussten Einsatz des Führungsinstruments Delegieren und seine positiven Effekte werden wir im Abschnitt „Mitarbeiter fordern und fördern" noch genauer eingehen.

Auf einen Blick: Durch Delegieren gewinnen

- In Ihrer Rolle als Führungskraft müssen Sie sich auf das große Ganze konzentrieren. Das bedeutet, Sie kümmern sich um die strategische Planung und um die Entwicklung Ihres Teams – und überlassen die Umsetzung operativer Aufgaben Ihren Mitarbeitern.

- Delegieren hält Ihnen den Rücken frei. Aber es hat nichts mit dem Abschieben lästiger Aufgaben zu tun. Vielmehr ist es ein Führungsinstrument, um Mitarbeitern Aufgaben gemäß ihrer Motivation und Befähigung zu übertragen, ihnen dabei ausreichend Freiräume zu lassen und Verantwortung zu übertragen.

- Wenn Sie höherwertige Aufgaben delegieren, motivieren Sie Ihre Mitarbeiter und fördern deren Entwicklung. Sie schaffen gute Voraussetzungen, um mit Ihrem Team Erfolge zu erzielen.

Richtig delegieren von Anfang an

Wer eine Aufgabe delegieren will, muss wissen, wem er sie anvertrauen kann. Orientierung leistet das Modell der situativen Führung, in dessen Mittelpunkt die Einschätzung der Mitarbeiter steht. Doch den Erfolg einer Delegation sichern Sie auch durch die richtigen Werkzeuge.

Erfahren Sie in diesem Kapitel,

- welche Art von Aufgaben Sie delegieren können und welche Sie besser nicht aus der Hand geben,
- warum nicht jeder Mitarbeiter für jede Art von Delegation geeignet ist,
- wie Sie mit „smarter" Delegation Ihre Erwartungen präzisieren,
- wie Sie ein Delegationsgespräch führen und
- was Ihnen Verbindlichkeitsregeln bringen.

Welche Aufgaben sind delegierbar?

Fast alle operativen Aufgaben, also das Tagesgeschäft oder Routinetätigkeiten betreffende Arbeiten, können Sie an Ihre Mitarbeiter übertragen. Zu den Routinetätigkeiten zählen etwa normale Kundenanfragen, wiederkehrende Tätigkeiten, statistische Aufgaben, Standardbeschaffungen u.v.m.

Beispiel: Eine typische Routinetätigkeit

Frau Maier leitet das Justiziariat eines mittelständischen Unternehmens. Zehn Prozent ihrer Zeit verbringt sie damit, Kaufverträge in Bezug auf mögliche Gewährleistungsansprüche zu prüfen. Hier handelt es sich eindeutig um einen Routinevorgang, den Frau Maier an ihre Mitarbeiter bzw. direkt an die beschaffende Einkaufsabteilung delegieren sollte.

Delegieren Sie auf jeden Fall auch wichtige fachlich-inhaltliche Aufgaben, wie Konzepte entwickeln oder die Erarbeitung von Lösungsvorschlägen, an entsprechend fähige Mitarbeiter.

- Ist ein Mitarbeiter temporär überlastet oder braucht anderweitig Hilfe, springen nicht Sie ein, sondern delegieren die Unterstützung an einen geeigneten Kollegen. Mit dem Nebeneffekt, dass der unterstützende Mitarbeiter eine Gelegenheit zur Anerkennung erhält.

- Sollen neue Mitarbeiter eingearbeitet werden, delegieren Sie die inhaltlich-fachliche Einarbeitung. Die Ausgestaltung eines Einarbeitungsplans sowie ein erstes Führungsgespräch (z.B. Zielvereinbarung mit dem neuen Mitarbeiter) bleiben allerdings Chefsache.

- Grundsätzliche Entscheidungen, die Sie selbst treffen müssen (s. u.), können Sie von Mitarbeitern vorbereiten lassen.

- Legen Sie stets einen Rahmen fest, in dem Sie Verantwortung für die Aufgabe übertragen.

Beispiel: Begrenzte Verantwortung übertragen

 Frau Mustermann leitet das Call-Center des Mobilfunkanbieters „call-4-free". Neben den üblichen Anfragen laufen hier zahlreiche Kundenbeschwerden und Reklamationen auf, über die sie final entscheidet. Das kostet sie rund 20 % ihrer Zeit. Daher beschließt sie mit ihrem Team: Bei nachvollziehbaren Kundenbeschwerden können die Mitarbeiter ab sofort eigenverantwortlich entscheiden, welcher Reklamation stattgegeben wird, solange die Beitragsgutschriften 15 EUR nicht übersteigen. Mit dieser Delegation von Verantwortung ist dreierlei erreicht: Die Kunden sind zufriedener (schnellere Lösung), die Mitarbeiter sind zufriedener (Ermessensfreiraum und Befugnisse), und Frau Mustermann, die sich nur noch auf Stichproben bearbeiteter Reklamationen beschränkt, hat wieder mehr Zeit für ihre Führungsaufgaben.

Sie müssen keinesfalls nur belanglose oder gar lästige Aufgaben delegieren. Im Gegenteil. Wenn sie herausfordernde, verantwortungsvolle oder interessante Aufgaben an Ihre Mitarbeiter übertragen, wird der Motivationseffekt größer. Viele Ihrer Mitarbeiter werden sich dadurch besonders wertgeschätzt fühlen.

Die folgende Checkliste gibt Ihnen abschließend die Kriterien an die Hand, die für die Delegation einer Aufgabe sprechen.

Checkliste: Ist die Aufgabe delegierbar?

- Es handelt sich um eine Routinetätigkeit.

- Die Aufgabe können andere schneller und/oder besser erledigen, weil sie im Gegensatz zu Ihnen speziell dafür ausgebildet wurden bzw. häufig damit befasst sind.

- Die Aufgabe ist Ihnen aus einem früheren Aufgabengebiet vertraut; gegebenenfalls erledigen Sie sie gern, vielleicht sind Sie damit zum Experten geworden.

- Es handelt sich um Detailarbeit.

- Es handelt sich um eine unterstützende Tätigkeit.

- Die Aufgabe ist fachlich-inhaltlicher Natur bzw. erfordert Spezialwissen.

- Es geht um eine Entscheidung in einer Standardsituation, für die der Delegationsnehmer Verantwortung übernehmen kann.

- Es handelt sich um die Vorbereitung einer grundsätzlichen Entscheidung.

- Die Aufgabe ist wichtig oder verantwortungsvoll, das Risikopotenzial aber überschaubar, d.h. eine gewisse Fehlerquote können Sie tolerieren.

Welche Aufgaben nicht delegierbar sind

Umgekehrt gibt es Aufgaben, die Sie prinzipiell nicht oder nur in Notfällen delegieren sollten.

Checkliste: Diese Aufgaben dürfen Sie nicht delegieren

- Aufgaben, die an Sie delegiert wurden
- Aufgaben aus dem Bereich der strategischen Planung
- Aufgaben im Kontext der Teamentwicklung
- Übernahme der Gesamtverantwortung
- offizielle Repräsentation
- finale Festlegung grundsätzlicher Entscheidungen, z. B. auch Ressourcenentscheidungen
- Auswahl von (neuen) Mitarbeitern
- vertrauliche Aufgaben bzw. Aufgaben, in denen sensible Informationen eine Rolle spielen (z. B. Personalangelegenheiten im Bereich Ihrer Mitarbeiter)
- Spezialfälle, deren Bearbeitung unmittelbar von Ihnen erwartet wird (z. B. von Ihren eigenen Vorgesetzten)

Nach außen übernehmen Sie die Gesamtverantwortung für Ihren Bereich. Für Fehler und Pannen müssen Sie geradestehen. Zu sagen: „Sorry, meine Mitarbeiter haben versagt!", ist ein Tabu für jede Führungskraft. Ebenfalls müssen Sie Ihr Team bzw. Ihre Abteilung nach innen und außen repräsentieren. Zumindest gilt dies für (wichtige) offizielle Anlässe. Nur im Notfall dürfen Sie sich hier vertreten lassen.

Grundsätzliche Entscheidungen, über Regeln, Verfahrensvor-schriften, Zuständigkeiten etc. treffen ebenfalls Sie. Dies schließt nicht nicht aus, Dritte bei der Entscheidungsfindung einzubeziehen. Das offizielle „Stop or Go" aber bleibt Ihre Aufgabe.

Mit der Auswahl von Mitarbeitern bestimmen Sie die kultu-relle und fachliche Ausprägung Ihres Teams. Aus diesem Grund sollten Sie diese Aufgabe nicht delegieren, auch wenn vorbereitende Tätigkeiten (Vorauswahl nach eindeutigen, ab-gestimmten Kriterien) delegierbar sind. Auch Aufgaben rund um Teamentwicklung und -kommunikation können Sie nicht delegieren. Zudem sind bestimmte Spezialfälle oftmals Chef-sache.

Beispiel: Der Spezialfall für den Chef

 Wenn ein wichtiger Großkunde nach etlichen Reklamationen abzuspringen droht, wird der Vertriebsleiter versuchen, den nächsten Termin selbst wahrzunehmen. Denn das Risiko, dass der Kunde mit den Zugeständnissen, die der Key-Account-Mit-arbeiter machen kann, nicht einverstanden ist, wird ihm zu hoch sein. So kann er ad hoc entscheiden, welche Sonderkonditionen er dem Kunden einräumen kann. Zudem signalisiert er durch seine Präsenz, dass ihm der Kunde wichtig ist.

Übrigens: Bereits bei den Administratoren im alten Rom hieß es: „Delegatus non potest delegare", persönlich übertragene Aufgaben können nicht übertragen werden. Das gilt auch für den Führungsalltag, es sei denn, der Delegierende hat Ihnen seine ausdrücklicher Zustimmung gegeben, dass Sie die Auf-gabe auch „weiterdelegieren" können.

> Prüfen Sie im Einzelfall, welche Aufgaben (nicht) delegierbar sind. Aber bleiben Sie dabei (selbst-)kritisch. Als Prüfkriterium mag Ihnen die Vorstellung dienen, drei Wochen durch eine Krankheit ans Bett gefesselt zu sein: Womöglich stellen Sie fest, dass es wirklich nur wenige Aufgaben sind, die bis zu Ihrer Rückkehr warten müssten.

Welche Mitarbeiter sind für die Delegation geeignet?

Über lange Zeit wurde unter Experten die Frage diskutiert, was der prinzipiell richtige Führungsstil sei. Prinzipiell erscheint der partizipative oder kooperative Führungsstil ideal. Doch auch wenn manche Unternehmensleitbilder diesen Führungsstil durchgängig postulieren, hat dieser Anspruch einen Haken. Denn die gruppendynamischen und themenbezogenen Kontexte, in denen Mitarbeiter zu führen sind, sind durchaus unterschiedlich. Mit anderen Worten: In der Regel haben Sie es als Führungskraft mit unterschiedlich befähigten und unterschiedlich motivierten Mitarbeitern zu tun.

Varianten verschiedener Führungsstile

Ausprägung Willensbildung	Charakterisierung	Benennung	Führungsstil
100 % bei Mitarbeitern	Gruppe entscheidet autonom. Vorgesetzter als Koordinator	demokratisch	laisserfaire
	Gruppe entscheidet im vereinbarten Rahmen autonom	partizipativ	
	Gruppe entwickelt Vorschläge. Vorgesetzter wählt aus.	kooperativ	
	Vorgesetzter informiert. Meinungsäußerung der Betroffenen.	beratend	bis
	Vorgesetzter entscheidet und setzt mit Hilfe von Überzeugung durch.	informierend	
	Vorgesetzter entscheidet und setzt sich durch, häufig mit Hilfe von Manipulation.	patriarchalisch	
100 % beim Vorgesetzten	Vorgesetzter entscheidet, setzt sich häufig mit Hilfe von Zwang durch und ordnet an.	despotisch	autoritär

Wenn Sie den kooperativen Führungsstil dauerhaft praktizieren, können Sie sich glücklich schätzen. Denn dann dürfte Ihr Team überwiegend aus selbstständig, kompetent und motiviert handelnden Mitarbeitern bestehen. Doch das dürfte eher die Ausnahme sein.

Warum Sie situativ führen sollten

Getrieben durch die Erkenntnisse der Organisationspsychologie hat sich in vielen Unternehmen statt idealtypischer Standard-Führungsstile seit vielen Jahren die sog. „situative Führung" durchgesetzt. Dies bedeutet, dass eine souveräne Führungskraft, die sowohl ziel- als auch mitarbeiterorientiert führt, situationsbedingt unterschiedliche Stil-Varianten nutzt.

Welche Situationen für die Wahl des Führungsverhaltens relevant sind, haben Ende der 1970er Jahre Paul Hersey und Ken Blanchard beschrieben. Entscheidend sind demnach vor allem folgende Faktoren:

- die **Motivation des Mitarbeiters** bezüglich der jeweiligen Aufgabe, die zu erfüllen ist,

- die **Kompetenz des Mitarbeiters** bezüglich der jeweiligen Aufgabe, die zu erfüllen ist und

- als zusätzliches Kriterium: der **persönlicher Reifegrad des Mitarbeiters**, also sein Verantwortungsgefühl, die Fähigkeit zur Selbstreflexion, sein Selbstwertgefühl und die Einschätzung seiner Fähigkeiten (ob er sich eher über- oder unterschätzt), etc.

Je nachdem, wie stark diese Faktoren ausgeprägt sind, ergeben sich folgende Konstellationen:

Motivation d. Mitarbeiters hoch	der sich überschätzende Mitarbeiter	der Mitarbeiter als Experte
gering	der Mitarbeiter als „Lehrling"	der fähige, aber unwillige Mitarbeiter
	gering **Kompetenz des Mitarbeiters** hoch	

Schematisierte Typen von Mitarbeiten, die jeweils unterschiedliche Führungsstile erfordern

- Der Idealtyp des Experten ist ein Mitarbeiter mit hoher Motivation, der fachlich sehr kompetent, unter Umständen auch mehr Experte als der Auftraggeber selbst ist.

- Beim sich überschätzenden Mitarbeiter handelt es sich oft um ehrgeizige Menschen. Sie trauen sich selbst mehr zu als andere dies tun. Unter Umständen überfordern sie sich.

- Eher umgekehrt verhält es sich bei fähigen, aber unmotivierten Mitarbeitern. Sie empfinden z. B. wichtige und notwendige Aufgaben als mühselig oder lästig.

- Den Prototyp des „Lehrlings" verkörpern junge, neue Mitarbeiter, die sich aufgrund ihrer Unerfahrenheit eher ängstlich verhalten und damit wenig motiviert sind.

So delegieren Sie situativ

Die vier Führungsstile bei der Delegation veranschaulicht die folgende Grafik. Demnach führen Sie Mitarbeiter vom Typ Experten partizipativ. Das bedeutet: Sie überlassen es ihnen, wie sie die Umsetzung der delegierten Aufgabe planen, durchführen und welche Mittel sie dabei einsetzen. Sie verzichten auch weitgehend auf Kontrollen während der Umsetzung.

Eine Delegation in dieser Form kommt indes nicht infrage, wenn es dem Delegationsnehmer sowohl an Kompetenz als auch an Motivation mangelt. Als Alternative können Sie Aufgaben anweisen.

Motivation des Mitarbeiters	hoch	Delegieren mit Meilensteinen. Zwischenergebnisse prüfen. Öfter kontrollieren.	Delegieren und Endergebnis / Termin vereinbaren. Wenig bis keine Kontrolle.
		Eher anleiten als delegieren. Engmaschig kontrollieren.	Anordnen, ggf. anweisen. Verlauf prüfen, ohne Details.
	gering	gering	hoch
		Kompetenz des Mitarbeiters	

Situative Führung bei der Übertragung von Aufgaben

Beispiele: Vier Typen von Mitarbeitern

Die Sachbearbeiterin Hennig ist für die Beurteilung und Bearbeitung eines komplexen Schadensfalls, der noch nie in der Abteilung vorkam, fachlich und erfahrungsbedingt bestens geeignet. Verbunden mit ihrer hohen Motivation wird sie daher als Expertin mit der besonderen Aufgabe betraut.

Die positiv gestimmte, ehrgeizige Personalreferentin Blum ist sehr motiviert. Sie soll die erstmalige Teilnahme des Unternehmens an zwei Absolventen-Messen projektieren. Da sie selbst erst vor drei Monaten von der Uni kam, verfügt sie nur über wenig berufliche Erfahrung. Zudem ist sie im Projektmanagement noch nicht sehr sicher. Ihre Vorgesetzte vereinbart daher Meilensteine mit Frau Blum, um regelmäßig die Zwischenergebnisse zu besprechen.

Der Facharbeiter Brandt ist fachlich höchst qualifiziert und erfahren. Nun soll er ausnahmsweise eine einmalige Montagearbeit an der neuen Lieferstraße vornehmen. Absolut unmotiviert, moniert er, dafür sei er doch völlig überqualifiziert. Daher erteilt ihm sein Vorgesetzter eine klare Anweisung, was er definitiv bis wann zu tun hat.

Der Azubi Huber soll an interessierte Kunden Prospekte versenden. Dabei sind einige ältere Adressen zu verifizieren. Gerade erst in seinem ersten Lehrjahr, zeigt Huber deutliche Angst, die Aufgabe selbstständig anzugehen. Also muss er angeleitet werden, wie er vorgehen kann, und braucht u.U. weitere Hilfestellungen.

Beachten Sie auch den Reifegrad

Neben Motivation und Kompetenz müssen Sie den aufgabe-relevanten Reifegrad des Mitarbeiters berücksichtigen. So gibt es Mitarbeiter, die sich bei der Annahme einer Aufgabe schlicht überschätzen oder einfach nicht in der Lage sind, Nein zu sagen, obwohl das objektiv angebracht wäre – weil sie zum Beispiel überlastet sind. Andere Mitarbeiter unter-schätzen sich und trauen sich bestimmte Aufgaben nicht zu, obwohl sie ihr Talent bereits mehrfach unter Beweis gestellt haben.

Situative Führung ist „doppelt situativ". Nicht nur auf die jeweilige Aufgabe kommt es an, es ändert sich auch der Mitarbeiter in Bezug auf Wissen, Erfahrung, generelle Moti-vation bzw. Grundhaltung zur jeweiligen Aufgabe und Leis-tungsvermögen (abhängig von z. B. Alter, Tagesform) etc.

Beispiel: Die Motivation kann schwanken

 Die Laborfachkraft Schulze verfügt über jahrelange Erfahrung, hat eine solide fachliche Qualifikation und ist durchaus motiviert und leistungsorientiert. Manchmal jedoch ist sie sehr selbst-kritisch und stellt ihr Licht unter den Scheffel. In dieser Kom-bination braucht Frau Schulze mehr Zuspruch, Betreuung und Unterstützung als der Idealtyp des Experten

Grenzen des situativen Führungsstils

So sinnvoll die situative Führung aus organisationspsycholo-
gischer Sicht erscheint, es darf nicht übersehen werden, dass
sie mit einigen Risiken verbunden ist:

- Situative Führung ist komplex. Sie müssen in der Lage sein,
  drei Faktoren – die Kompetenz, die Motivation und den
  persönlichen Reifegrad des Mitarbeiters, bezogen auf jede
  einzelne Aufgabe – treffsicher einzuschätzen. Dies ist ohne
  Fehler- und Korrekturtoleranz nahezu unmöglich. Sie sollten also bereit sein, Ihre einmal getroffenen Einschätzun-
  gen immer wieder auf den Prüfstand zu stellen und im
  Bedarfsfall zu revidieren.

- Außerdem unterliegen diese Faktoren einer ständigen Veränderung. Einige Ihrer Mitarbeiter werden neue Kompetenzen hinzugewinnen, andere verlieren ihre Motivation für
  bestimmte Aufgaben.

- Die optimale Führungsspanne, um Mitarbeiter realistisch
  einschätzen zu können, beziffern erfahrene Führungskräfte
  auf 8 bis maximal 20 Mitarbeiter (im Mittel etwa 10). Dem
  gegenüber ist die maximale Führungsspanne in vielen
  Organisationen sehr viel höher. Dieser Mangel macht Delegation zum Vabanque-Spiel. Welche Führungskraft kann
  schon die individuelle Entwicklung von dreißig Mitarbeitern ständig im Blick behalten?

Nehmen Sie sich Zeit

Die eigenen Mitarbeiter gut zu kennen und richtig einzuschätzen, erfordert viel Zeit. Wer dieser Aufgabe keine Priorität einräumt, muss mit demotivierten Mitarbeitern rechnen.

Beispiel: Der Mitarbeiter, das unbekannte Wesen

 Eine Produktmanagerin verschafft sich bei einer Kollegin Luft: „Ich ärgere mich immer mehr über unsere neue Chefin. Die interessiert sich überhaupt nicht dafür, was ich hier eigentlich mache. Jetzt wurde ein Kollege aus der QS damit beauftragt, Qualitätskriterien zu entwickeln. Dabei habe ich doch vor einem halben Jahr einen Kriterienkatalog erstellt, mit dem alle längst arbeiten. Ich habe den Eindruck, unsere Chefs wissen gar nicht, was wir tun!"

Solche Demotivationserlebnisse müssen Sie als Führungskraft verhindern. Dazu gehören neben der situativen Führung die Abstimmung von Tätigkeiten und Aufgaben zwischen Ihnen und einzelnen Mitarbeitern und im Team. Und Sie sollten den Überblick über alle delegierten Aufgaben behalten (s. u.).

Die abschließende Checkliste unterstützt Sie bei Ihren Überlegungen, ob Sie einen Mitarbeiter für die zu delegierende Aufgabe einsetzen können.

Checkliste: Ist der Mitarbeiter geeignet?

Kriterien	Maßnahmen
Ist der Mitarbeiter für die zu delegierende Aufgabe fachlich qualifiziert?	Wenn nein, erst qualifizieren bzw. weiterbilden.*
Verfügt er über ausreichend Erfahrung?	Wenn nein, Delegation mit engmaschigen Kontrollen und Berichten.*
Ist er für die Aufgabe motiviert?	Wenn nein, Anweisung geben mit Kontrollen und Berichten.*
Neigt er zur Selbstüberschätzung?	Wenn ja, Delegation und engmaschiger kontrollieren.*
Neigt er dazu, sich zu unterschätzen?	Wenn ja, häufiger berichten lassen, Unterstützung bzw. Hilfestellung sicherstellen, Bestätigung geben.*
Ist ihm der Umgang mit Verantwortung/ Entscheidungsspielraum zuzutrauen?	Wenn nein, Aufgabe an jemand anderen delegieren.
Ist er mit anderen Aufgaben oder Projekten überlastet?	Wenn ja, andere Mitarbeiter einbinden, Unterstützung delegieren.

* Begleitende Maßnahmen und Gespräche terminieren.

Aufgaben smart delegieren

Bevor Sie eine Aufgabe delegieren, sollten Sie sich Gedanken darüber machen, was genau Sie von der Delegation bzw. dem Delegationsnehmer erwarten. Nur helfen diese Gedanken nicht wirklich, wenn sie nicht auch explizit formuliert werden. Dazu können Sie die Smart-Formel zur Zieldefinition nutzen. Das Ergebnis kommunizieren Sie Ihrem Mitarbeiter in einem Delegationsgespräch, in dem Sie weitere Rahmenbedingungen feststecken und unter Umständen schriftlich festhalten.

Wer Zielvereinbarungen als Führungsinstrument kennt und anwendet, weiß, dass Ziele „smart" formuliert werden müssen. SMART ist das Kürzel für fünf Qualitätskriterien, denen eine Zielformulierung genügen muss.

Ein Ziel ist nur dann wirklich „smart", wenn alle Kriterien gleichzeitig eingehalten werden.

Weil die Delegation technisch gesehen die Schwester der Zielvereinbarung ist, können Sie die smarte Zielformulierung auch komplett auf die Delegation übertragen.

Checkliste: Die Smart-Formel zur Zielvereinbarung

Initiale	Bedeutung	Konkretisierung
S	spezifisch	▪ genau / konkret
		▪ verständlich
		▪ eindeutig
M	messbar bzw.	▪ Ergebnis beschreiben (ggf. Zahl)
	beobachtbar	▪ konkrete Zwischenergebnisse
		▪ ggf. Skala für Ziel-Erreichung
A	anspruchsvoll	▪ herausfordernd
		▪ motivierend
R	realistisch	▪ beide Seiten sagen: „erreichbar!"
		▪ den Fähigkeiten entsprechend
		▪ den Bedingungen entsprechend
T	terminiert	▪ Liefertermin
		▪ Termin für Ergebnisbeurteilung
		▪ Termine für Zwischenergebnisse

Vorteile smarter Delegation

Aufgaben nach der Smart-Formel zu delegieren, hat folgende Vorzüge:

- Die zu erreichenden Ziele sind klar und eindeutig formuliert.
- Führungskraft und Mitarbeiter sind beide davon überzeugt, dass – nach bestem Wissen – die delegierte Aufgabe bzw. das vereinbarte Ziel erreichbar ist.

- Beide Seiten wissen, wovon genau der Erfolg abhängt und wie er definiert ist.

- Beide Seiten müssen sich Gedanken um Prämissen und Rahmenbedingungen machen, wenn sie sich auf einen Liefertermin (Ziel-Erreichungstermin) einigen wollen.

- Wenn das Ziel der Aufgabe klar beschrieben ist, kann der Weg zum Ziel vom Mitarbeiter variiert werden.

- Smart formulierte Delegationsziele können Sie für variable Vergütungsbestandteile im Kontext von Zielvereinbarungen nutzen, wenn diese im Entgeltsystem verankert sind.

- Klare und transparente Aufträge bieten Ihnen eine gute Basis für die objektive Beurteilung der Leistungserfüllung (wichtig bei Leistungsbeurteilungen / Boni-Systemen).

> Mit smart formulierten Aufgaben klären beide Vereinbarungspartner einvernehmlich, was genau, wie, in welcher Zeit, unter welchen Prämissen erreicht / erledigt werden soll.

Was ist smart, was nicht?

Es ist oft gar nicht so leicht, für Aufgaben, die delegiert werden, klare (messbare) Ziele zu formulieren. Einige Beispiele sollen dies verständlich machen:

Smart delegiert oder nicht? (Beispiele)

Aufgabenformulierung	„smart"	nicht „smart"
Techniker Schmitz soll die Messanlage „Alpha" optimieren.	anspruchsvoll realistisch	**nicht spezifisch:** Was soll (genau) optimiert werden? **nicht beobachtbar:** Woran wird die Optimierung gemessen? (z.B. an der Fehlertoleranz, Messgenauigkeit, Geschwindigkeit, Fehleranfälligkeit der Maschine) **nicht terminiert:** Bis wann soll die Aufgabe erledigt sein?
Der administrative Mitarbeiter Huber soll sich bis Mitte des Jahres in das neue SAP-Modul HR 123 einarbeiten.	beobachtbar anspruchsvoll realistisch	**nicht terminiert:** Wann genau ist „Mitte des Jahres?" **nicht spezifisch:** Was genau soll der Mitarbeiter am Ende können oder wissen?

Aufgabenformulierung	„smart"	nicht „smart"
		Soll er alle Funktionen des Moduls kennen? Soll er nur bestimmte Aufgaben damit ausführen können? Soll er der Spezialist werden, der auch andere einarbeitet?
Maschinenführer Heise wird vom Kollegen Meier in eine neue Anlage eingewiesen. Er soll diese bis Ende Januar selbstständig so betreuen, dass ein durchschnittlicher Ausstoß von 250 Modulen pro Stunde erreicht wird.	spezifisch beobachtbar anspruchsvoll realistisch terminiert	komplett smart!

Formulieren Sie Ihre Erwartungen klar und unmissverständlich

Im betrieblichen Miteinander – und dies gilt durchaus auch für den privaten Bereich – dominiert die latente Vorstellung: „Mein Gegenüber muss doch wissen, was ich von ihm will." Diese Grundhaltung ist zwar menschlich, aber auch Quelle vieler Missverständnisse oder Konflikte.

Beispiel: Falsche Vorannahme

 Der Leiter der Kantinenküche hat seinem Mitarbeiter die Aufgabe zugewiesen, ein Dessert für den Mittagstisch zuzubereiten. Da ein heißer Sommertag ist, geht er davon aus, dass sein Beikoch eine leichte, kühle Nachspeise kreiert. Der jedoch entscheidet sich für Kaiserschmarrn mit heißer Vanillesauce. Am Ende ist der Kantinenleiter mit dem an sich guten Ergebnis unzufrieden. Ebenso ergeht es dem Koch: Er hat sich Mühe gegeben, erntet aber anstatt Wertschätzung nur einen schrägen Blick vom Vorgesetzten.

Oft verbirgt sich dahinter die Hemmung, klar zu artikulieren, was man vom anderen erwartet. Doch viele Mitarbeiter vermissen genau dies bei ihren Vorgesetzten. Und können so nur „ins Blaue arbeiten". Erfüllen sie dann die „Erwartungen" nicht, erhalten sie keine Bestätigung, geschweige denn Lob für ihre Leistung. So bleibt auch das Erfolgserlebnis aus, das sie zu neuen Aufgaben ansporn könnte.

Die Smart-Kriterien sollen Auftraggeber und -nehmer animieren – um nicht zu sagen zwingen –, sich klar und unmissverständlich zu vereinbaren. Die Kriterien beginnen aus gutem Grund mit S für „spezifisch" also: klar, eindeutig, verständlich und präzise. Wenn Sie in Zukunft immer klare Vereinbarungen treffen, dürften Situationen, in denen Ihre Mitarbeiter nicht genau wissen, was von ihnen erwartet wird, und ob sie diese Erwartungen auch erfüllen, der Vergangenheit angehören.

> Das Ziel müssen Sie exakt formulieren. Seien Sie aber konziliant und verhandlungsbereit, was die Art und Weise der Ausführung betrifft. Sie bestimmen das Ziel – der Mitarbeiter geht seinen Weg.

Auftrag klären als Hol– und Bringschuld

Bei der Auftragsvergabe sind Auftraggeber und Auftragnehmer gleichermaßen dafür verantwortlich, dass die Aufgabe ausreichend geklärt und beschrieben ist. Insofern sollten Ihre Mitarbeiter die folgenden zwei Grundregeln kennen:

- **Nehmen Sie nie einen unmöglichen Auftrag an.** Die Annahme unmöglicher Aufträge ist Kinofilmen wie „Mission impossible" vorbehalten. In der Arbeitswelt führen sie regelmäßig zu ernsten Konflikten, die letztlich auf den Auftragnehmer zurückfallen. Geht der Auftrag schief, heißt es: „Aber Sie haben doch zugestimmt und die Aufgabe angenommen!"

- **Nehmen Sie nie einen unklaren Auftrag an.** Unklare Aufträge beinhalten ein hohes Risiko für den Auftragnehmer, denn er wird letztlich für das Scheitern eines Auftrags verantwortlich gemacht. Dennoch bedeutet diese Regel keine Aufforderung zur Rebellion oder Meuterei. Es ist vielmehr der dringliche Rat, bei unklaren Aufträgen so lange nachzuhaken, bis Hintergrund, Ziel und Prämissen des Auftrags geklärt sind.

Als Führungskraft sollten Sie deshalb Ihre Mitarbeiter dazu anhalten, bei vagen oder missverständlichen Aufträgen nachzufragen, und auch erst dann mit der Umsetzung zu beginnen, wenn sie sicher sind, dass alle ihre Fragen beantwortet wurden. Eine Gelegenheit hierfür bietet das Delegationsgespräch.

Ein Delegationsgespräch führen

In der Regel werden Sie das direkte Gespräch suchen, wenn Sie Mitarbeitern eine Aufgabe übertragen. Dieses Delegationsgespräch sollten Sie auf Grundlage der beschriebenen Smart-Kriterien vorbereiten. Die Schritt-für-Schritt-Anleitung auf der nächsten Seite hilft Ihnen dabei, dem Gespräch eine Struktur zu geben und nichts zu vergessen. Beachten Sie bei der Gesprächsführung außerdem folgende Regeln:

- Erklären Sie die Aufgabe kurz, bündig und „smart".

- Lassen Sie Ihrem Gesprächspartner Raum und Zeit, Fragen zu stellen und ggf. Bedenken zu äußern. Stellt der Mitarbeiter keine oder wenig Fragen, so formulieren Sie die Fragen aus der folgenden Schritt-für-Schritt-Anleitung.

- Klären Sie ausdrücklich die Rahmenbedingungen, Zielkriterien und Prioritäten (Pünktlichkeit, Qualität, Kompatibilität, Konformität mit Regeln etc.). Verlassen Sie sich nicht darauf, dass der Delegationsnehmer von sich aus weiß, was Ihnen (speziell) wichtig ist. Die Klarheit von Erwartungen vermeidet Enttäuschungen!

- Nehmen Sie Bedenken und Ängste ernst. Vermuten Sie, dass der Delegationsnehmer Befürchtungen hegt, die er nicht äußert, fragen Sie ihn aktiv danach. Überlegen Sie gemeinsam, welche Maßnahmen notwendig sind, um die Hemmnisse zu beseitigen.

- Fragen Sie kompetente und motivierte Mitarbeiter nach Ergänzungs- und Änderungsvorschlägen. Durch diese Einbeziehung machen Sie eine delegierte Aufgabe zu einer persönlichen.

- Zeigen Sie bei Änderungswünschen oder Bedingungen von Seiten des Mitarbeiters Verhandlungsbereitschaft. Bleiben Sie aber konsequent in nicht verhandelbaren Ausführungsbedingungen.

- Terminieren Sie – für sich und Ihren Mitarbeiter – Zwischen- und Fortschrittsberichte.

- Halten Sie Vereinbarungen grundsätzlich in Form von Memos bzw. Kurzprotokollen fest (Kopie für beide Gesprächspartner).

Schritt für Schritt: Delegationsgespräch führen

1. Ist der Mitarbeiter grundsätzlich (objektiv) für diese Aufgabe geeignet (Fach- und Methodenkompetenz)? Hält er sich (subjektiv) für geeignet?

2. Hat der Mitarbeiter den Kontext (Sinn, Nutzen, Bezug zu Unternehmenszielen) der Aufgabe verstanden?

3. Ist der Mitarbeiter für diese Aufgaben motiviert? Wodurch kann seine Motivation gefördert werden?

4. Hat der Mitarbeiter ausreichend zeitliche Ressourcen, diese Aufgabe zu übernehmen? Muss er ggf. an anderer Stelle entlastet werden?

5. Welche Befugnisse braucht der Mitarbeiter, um diese Aufgabe (selbstständig) auszuführen?

6. Benötigt er Informationen, Zuarbeiten oder Unterstützung von Dritten? Wenn ja, was, wann, durch wen?

7. Wann soll der Mitarbeiter über Fortschritte, Zwischenstand, Teilerfolge („Meilensteine") berichten? An wen und in welcher Form?

8. Weiß der Mitarbeiter, zu welchen Entwicklungsschritten oder Entscheidungen er Ihre Bestätigung oder Rückmeldung braucht?

Und wenn der Mitarbeiter die Aufgabe ablehnt?

Nur wenn der Mitarbeiter sich rundherum weigert, die Aufgabe anzunehmen, ist die Grenze der Delegation erreicht. Gehört in diesem Fall die zu delegierende Tätigkeit objektiv zu den Tätigkeitsbereichen des Mitarbeiters (siehe dessen Stellen- und Tätigkeitsbeschreibung), bleibt nur die ebenfalls „smart" zu gestaltende (schriftliche) Anweisung. In diesem Fall verlassen Sie den auf Abstimmung basierenden Bereich motivierender Führung und wenden sich formalen, arbeitsrechtlich orientierten Zwangsmaßnahmen zu, deren Erörterung aber den Rahmen dieses Buches sprengen würde.

Halten Sie Aufgabe und Bedingungen schriftlich fest

Für Delegationsgeber und Delegationsnehmer empfiehlt es sich, umfangreichere Aufträge nicht nur mündlich zu besprechen, sondern auch schriftlich zu fixieren. Sie erhalten damit eine Grundlage für die Dokumentation und vermeiden, dass es zu unnötigen Rückfragen kommt. Zudem fördert eine schriftliche Vereinbarung die Verbindlichkeit. Dokumentieren Sie vor allem folgende Eckpunkte:

- Auftraggeber und -nehmer, sonstige Beteiligte
- Anlass und Ziel der Aufgabe
- Voraussetzungen
- Termine für (Zwischen-)Berichte
- Qualitätskriterien
- Endtermin

Nutzen Sie dazu das folgende Formular:

Delegationsvereinbarung

Name Mitarbeiter: Name Vorgesetzter: Datum:

Aufgabe 1

Beschreibung des Ziels der delegierten Aufgabe:

Bezug: Die Aufgabe erfolgt im Kontext der Projekts / Vorhabens:

Anlass / Zweck: Das Arbeitsergebnis soll dazu dienen,

Prämissen / Rahmenbedingungen:

Qualitätskriterien: Die Qualität des Ergebnisses wird an folgenden Faktoren gemessen:

spezielle Inhalte (Standards, Normen, QS-Kriterien):

Kooperation: Bei technischen / inhaltlichen Fragen erfolgt Rückkoppelung / Abstimmung mit: Herrn / Frau: ....
Abt.: ....

Termin für den Abschluss / die Abgabe:

Delegationsvereinbarung

Berichtszeitraum für Zwischenberichte an Auftraggeber:

☐ wöchentlich ☐ monatlich ☐ Intervalle von .... Tagen / Wochen

Kenntnisnahme: Periodische Berichte gehen z.K. auch an folgende Personen:

Sonstige Vereinbarungen:

Unterschrift Auftraggeber   Unterschrift Auftragnehmer

Wenn Sie Zeit haben, können Sie schon vor Ihrem Delegationsgespräch die Eckdaten festlegen und dann die Ergänzungen gemeinsam vornehmen. Ist die zu delegierende Aufgabe dagegen komplex und haben Sie es mit einem kompetenten, selbstständigen und motivierten Mitarbeiter zu tun, können Sie das Formular auch gemeinsam während des Gespräches ausfüllen. Anschließend erhalten beide Parteien eine Kopie.

> Viele delegierte Aufgaben scheitern oder enden als Rückdelegation wieder beim Auftraggeber. Wenn Sie dies vermeiden wollen, erklären Sie sorgfältig, was genau zu tun ist. Bei Aufgaben mit mittlerem und größerem Auftragsvolumen sollten Sie unbedingt die wichtigsten Eckpunkte schriftlich festhalten.

Wenn sich Änderungen ergeben

Eine verbindliche Kommunikation ist nicht nur bei der Übertragung einer delegierten Aufgabe zu betreiben. Ebenso wichtig ist es, dass Sie sich während der Erledigung zeitnah mit dem betreffenden Mitarbeiter abstimmen, vor allem wenn Änderungen notwendig werden. Die Gründe dafür können sein:

- Eine neue, der Aufgabe zugrunde gelegte Methode zeigt sich als nicht zielführend und muss ggf. variiert oder gar verworfen werden.

- Die Aufgabenstellung erweist sich in der Anwendung schwieriger bzw. aufwändiger als geplant. Insofern bewahrheitet sich das Ziel aus Sicht beider „Vereinbarungsparteien" möglicherweise als zu ehrgeizig.

- Unvorhergesehene Ereignisse verändern die Prämissen, wie sie zur Zeit der Aufgabenvergabe zu Grunde gelegt wurden. Hierzu zählen z.B. eingeplante Ressourcen, die nicht in dem Rahmen zur Verfügung stehen, wie ursprünglich angenommen (Personal, Hilfsmittel, Geräte, Zuarbeiten, etc.).

- In der Zeit zwischen der Delegation und der Erfüllung ändern sich Prioritäten hinsichtlich anderer, ggf. konkurrierender Aufgaben.

- Während der Bearbeitung einer Aufgabe werden neue Erkenntnisse gewonnen, die es ratsam erscheinen lassen, das Ziel der delegierten Aufgabe (oder den Weg dorthin) zu verändern.

> Vereinbaren Sie mit Ihren Mitarbeitern folgenden Grundsatz: Wann immer ein Delegationsnehmer oder Delegationsgeber einen Änderungsanlass erkannt hat, informiert er sofort den Auftraggeber bzw. -nehmer (in der Regel per E-Mail).

Beide Seiten haben so Gelegenheit, den Auftrag inhaltlich und methodisch zu aktualisieren und bei Bedarf zu korrigieren. Wird dies konsequent durchgeführt, vermeiden Sie, dass die delegierte Aufgabe und die praktische Ausführung auseinanderlaufen und ineffiziente Doppel- oder Korrekturarbeiten entstehen.

Nutzen Sie bei der Besprechung die folgende Checkliste:

Checkliste: Vorgehen bei Änderungen

Hat sich das Ziel der Aufgabe verändert?	Wenn ja, anpassen.
Haben sich inhaltliche oder methodische Änderungen ergeben oder stehen sie zur Diskussion?	Wenn ja, präzisieren und anpassen.
Reichen die Befugnisse und Entscheidungsspielräume aus?	Wenn nein, anpassen.
Hat der mit der Delegation beauftragte Mitarbeiter (bislang) selbstständig gearbeitet oder brauchte er Unterstützung?	Wenn ja, klären, wodurch mehr Selbstständigkeit erreicht werden kann (z. B. durch Schulung).
Sind die Berichts- / Kontrolltermine eingehalten worden?	Wenn nein, Gründe klären und auf mehr Verbindlichkeit hinarbeiten.

Ist es hilfreich, das Vorgehen zu dokumentieren, um die Aufgabe künftig auch an andere Mitarbeiter delegieren zu können?	Wenn ja, Prozessbeschreibung veranlassen.
Was lief allgemein gut, was könnte optimiert werden?	Lesson-Learned-Schleife einbauen: Erfolgsfaktoren, Fehler oder Fehleinschätzungen festhalten.

Verbindlichkeit schaffen

In vielen Projekten geht man nach dem Beckenbauer-Spruch vor: „Schau'n wir mal!" Mit dieser Einstellung werden Zusagen über Zuarbeiten, Liefertermine, Anschlussarbeiten etc. obsolet. Kooperationspartner melden sich dann zu einem vereinbarten Termin lediglich mit der lapidaren Aussage: „Sorry, wir sind aus diesen oder jenen Gründen nicht mit dem Auftrag fertig geworden!"

Für die erfolgreiche Zusammenarbeit in Abteilungen oder Teams ist also ein Aspekt wesentlich: Verbindlichkeit. Hierunter ist mehr zu verstehen, als dass man sich an vereinbarte Zusagen hält. Natürlich sind in komplexen Projekten wie Forschungs- und Entwicklungsvorhaben, aber auch bei vielen anderen anspruchsvollen Aufgaben, Fortschritte und Erfolg nicht exakt planbar. Doch dies ist kein Grund, auf Verbindlichkeit zu verzichten. Im Gegenteil würde Verbindlichkeit bedeuten, dass sich der Auftrag- oder Delegationsnehmer bei seinem Kooperationspartner, Kollegen oder Führungskraft meldet, bevor das Ultimo der terminlichen Zusage erreicht ist. Verbindlichkeit bedeutet, bereits dann eine Information über die zu erwartete Nichterfüllung einer Zusage zu geben, wenn die Unmöglichkeit der Erfüllung offensichtlich wird.

Beispiel: „Es klappt leider nicht"

Ein kaufmännischer Mitarbeiter hatte im Rahmen einer ihm delegierten Aufgabe zugesagt, seinem Gruppenleiter zu einem bestimmten Termin die Auswertung seiner Ergebnisse zukommen zu lassen. Hintergrund dieser Vereinbarung war, diese Ergebnisse in einen Geschäftsbericht einfließen zu lassen, der zu einem fixen Termin eingereicht werden sollte. Zum vereinbarten Liefertermin erscheint der junge Kollege bei seinem Gruppenleiter und verweist mit Hinweis auf technische Probleme darauf, dass er die Ergebnisse nicht vorlegen könne, sondern noch etwa zwei bis drei Wochen Zeit benötige.

Die Begründung des Mitarbeiters für die Verzögerung mag plausibel sein. Doch weil er seinen Vorgesetzten erst so spät informiert hat, kann der Publikationstermin nicht mehr eingehalten werden. Hätten der Auftraggeber rechtzeitig von dem Problem erfahren, hätte er möglicherweise Abhilfe schaffen können, etwa durch eine Verschiebung von Ressourcen, methodische Veränderungen oder anderweitige Maßnahmen.

Führen Sie Regeln ein

Verbindlichkeit bei Kooperationen und kollegialer Zusammenarbeit erfordert, dass Informationen zeitnah und transparent weitergegeben werden. Führungskräfte, insbesondere Projektleiter, sollten für verbindliche Regeln und deren Einhaltung sorgen. Eine Verbindlichkeitsregel könnte so lauten:

Beispiel: Verbindlichkeitsregel

„Kann eine delegierte Aufgabe nicht im verabredeten Zeitraum abgeschlossen werden, so hat der für die Erledigung zuständige Kollege den Auftraggeber / die involvierten Kollegen zu informieren (Bringschuld). Diese Information hat damit nicht erst nach Ablauf der Bearbeitungsfrist zu erfolgen, sondern zu dem Zeitpunkt, an dem das Eintreten einer Verzögerung erkennbar oder wahrscheinlich wird."

Willkürliche Regeln können kein Vertrauen begründen, und auch eine autoritäre Vorgabe ist nicht der beste Weg. Stellen Sie die Regeln zur Verbindlichkeit also gemeinsam mit Ihren Mitarbeitern auf. Damit sie allgemeine Akzeptanz erzielen und alle Ideen einbringen können, entwickeln und verabschieden Sie sie am besten auf einem Team- oder Projekt-Workshop. Mit den folgenden Leitfragen können Sie zu Verbindlichkeitsregeln gelangen:

- Wer informiert im Team wen, wann über was?
- Wie gehen wir damit um, wenn Vereinbarungen nicht eingehalten werden können?
- Wie und wo dokumentieren wir Fortschrittsberichte zu delegierten Aufgaben / Projekten?
- Wie gestalten wir den Zugriff auf diese Dokumentation?

Wenn die Regeln mit Leben erfüllt und tatsächlich eingehalten werden, entwickeln die Beteiligten das Vertrauen, dass sie sich aufeinander verlassen können. Kommt es zu unvorhersehbaren Problemen, werden alle daran arbeiten, rechtzeitig eine Lösung zu finden.

Zudem sollten Sie folgende Maßnahmen durchführen:

- Lassen Sie Ihre Mitarbeiter in den Team- bzw. Abteilungs- besprechungen regelmäßig über die Fortschritt der dele- gierten Aufgaben berichten. So bleiben Sie immer auf dem Stand und die restlichen Mitarbeiter erfahren, wer gerade woran arbeitet.

- Stimmen Sie einmal jährlich auf einer Teamklausur Regeln zur Information, Zusammenarbeit und Verbindlichkeit ab. Nutzen Sie diesen Austausch auch dazu, Aufgabenbereiche (neu) zu definieren, bei Bedarf zu tauschen oder Kom- petenzen neu festzulegen.

Auf einen Blick: Richtig delegieren von Anfang an

- Delegieren können Sie mehr, als Sie denken. Tabu sind allerdings solche Aufgaben, die Ihnen als Repräsentant und Verantwortlichem Ihres Bereichs obliegen.

- Sie sollten die Qualifikation des Delegationsnehmers zuverlässig beurteilen können, seine Motivation für die Aufgabe und wie zuverlässig seine Selbsteinschätzung ist (Reifegrad). Je positiver Sie die drei Faktoren einschätzen, umso mehr Eigenverantwortung und Handlungsspielraum räumen Sie ihm bei der Übertragung einer Aufgabe ein.

- Formulieren Sie zu jeder Aufgabe ein „smartes" Ziel. Kommunizieren Sie dieses Ziel, Ihre Erwartungen und die Rahmenbedingungen möglichst präzise in einem Delegationsgespräch. So vermeiden Sie das Risiko von Missverständnissen, Fehlern und demotivierten Mitarbeitern.

- Gewährleisten Sie einen reibungslosen Informationsfluss. Gibt es Probleme bei der Umsetzung, müssen Ihre Mitarbeiter Sie sofort informieren. Legen Sie dazu Verbindlichkeitsregeln fest. Zudem empfiehlt sich bei den meisten Aufträgen auch eine schriftliche Delegationsvereinbarung.

Nachhaltigkeit schaffen

Aus den Augen, aus dem Sinn? Das gilt nicht für Aufgaben, die Sie delegiert haben. Oder lassen Sie Ihre Mitarbeiter einfach loslaufen in der Hoffnung, dass zum Endtermin schon etwas Brauchbares herauskommen wird? Das geht womöglich bei einigen Ihrer Leistungsträger – ansonsten brauchen Sie auch beim Delegieren Kontrollinstrumente.

In diesem Kapitel erfahren Sie,

- wie Sie selbst alle delegierten Aufgaben im Blick behalten,
- wie Sie das gegenseitige Vertrauen stärken und Kontrolle mitarbeitergerecht ausüben,
- warum ein Berichtswesen sinnvoll ist, wie dieses ausgestaltet sein sollte und welche Rolle Ihr Feedback dabei spielt und
- wie Sie verhindern, dass eine bereits delegierte Aufgabe wieder auf Ihrem Tisch landet.

Als Auftraggeber den Überblick behalten

Kontrolle bedeutet nicht nur, die Leistungen, Zwischen- und Endergebnisse der Mitarbeiter im Auge zu behalten. Sie selbst sollten den Überblick über alle Aufträge behalten, die Sie delegiert haben und auf deren Ergebnisse Sie warten. Hierzu bieten sich zwei Verfahren an.

Schaffen Sie eine Endlosliste delegierter Aufgaben

Zum einen lassen sich alle delegierten Aufgaben einfach in einer Liste erfassen, zum Beispiel mit Excel. Die Liste sollte zumindest folgende Spalten aufweisen:

- lfd. Nummer,
- Aufgabe (kurze Beschreibung),
- Ziel der Aufgabe,
- Qualitätskriterien,
- delegiert am (Datum),
- delegiert an (Person),
- ggf. vereinbarte Zwischenberichte
- geplanter (Liefer-) Termin,
- realer (Liefer-) Termin,
- Umfang der Unterstützung (Hilfs- und Zuarbeiten),
- Qualität der Ausführung.

Verknüpfen Sie jede Aufgabe (zum Beispiel über einen Link) mit der entsprechenden Delegationsvereinbarung, falls eine solche vorhanden ist.

Nutzen Sie Zeitmanagement-Tools

Sehr viel einfacher ist es, Tools aus Zeitmanagement-Instrumenten für die Delegation zu nutzen. So bieten klassische Kalender-Datenbanken (Personal Information Manager, kurz PIM) sehr gute Möglichkeiten, eigene wie auch delegierte Aufgaben zu dokumentieren. Bausteine aus Outlook, Lotus Notes oder anderen PIM-Programmen verzahnen so das Führungsinstrument Delegation direkt mit effizientem Zeitmanagement. Dies ist hilfreich, weil es ja eine der Hauptsäulen des guten Zeitmanagements ist, alle Aufgaben (also auch delegierte Aufträge) zu dokumentieren.

- Aufgaben und Aufträge lassen sich per E-Mail zustellen – ähnlich einem als Attachement versendetem Termin. So können Sie zunächst eine Aufgabe definieren und dann einem Mitarbeiter zuweisen.

- Nimmt der Mitarbeiter die Aufgabe an – gegebenenfalls nach entsprechenden mündlichen Rückfragen –, erhalten Sie als Auftraggeber hierüber eine Bestätigung, ebenfalls als E-Mail.

- Der Erledigungsgrad der delegierten Aufgabe kann angegeben und rückgemeldet werden. In manchen Programmen gibt es auch die Funktion eines „Statusberichts".

- Wird die delegierte Aufgabe durch den Auftragnehmer schließlich als erledigt markiert, erhalten Sie als Auftraggeber – sofern dies in der Automatik des Programms festgelegt ist – ebenfalls einen Hinweis hierüber.

- Sie können alle delegierten und ausgeführten Aufgaben auflisten und in Ihrem PIM-Programm auf entsprechende Verzeichnisse verteilen, die Sie nach den Mitarbeitern benennen. So haben Sie als Führungskraft einen aktuellen Überblick und eine Dokumentation vergangener Delegationen.

Auf den ersten Blick erscheint diese Form der Dokumentation überfrachtet; schließlich wollen Sie Ihre Mitarbeiter ja nicht lückenlos überwachen. Doch sie bietet einen enormen Vorteil: Sie haben stets einen Überblick über alle Aufgaben, deren Entwicklungsstand und Ressourcenaufwand. Ähnlich wie im Multi-Projektmanagement, wo ein Überblick über alle Projekte unerlässlich ist.

Beispiel: Wer macht hier eigentlich was?

Abteilungsleiter Franz delegiert eifrig. Doch auf der jährlichen Teamklausur beschweren sich seine Mitarbeiter über die Fülle und Komplexität der laufenden Aufgaben und Projekte: „Uns steht die Arbeit bis zur Oberkante Unterlippe", klagen sie. Herr Franz muss einräumen, dass er den Überblich verloren hat. Wer gerade woran arbeitet, darüber kann er nur sehr ungefähre Angaben machen. Daher beginnt er alle Projekte und Aufgaben zu dokumentieren, inklusive Arbeitsaufwand der einzelnen Mitarbeiter. Damit kann er bald nicht nur besser die Kapazitäten verplanen, sondern hat auch klare Argumente gegenüber seinem Vorgesetzten, wenn Engpässe entstehen.

Achten Sie darauf,

- dass das Verhältnis von Aufgaben und Personalressourcen stimmig ist,

- dass die Priorität der Projekte und Aufgaben strategisch gut ausbalanciert sind

- und dass Ihre Mitarbeiter Ihre Prioritäten und ggf. deren Verschiebungen zeitnah erfahren.

Vorteile der Dokumentation

Haben sich alle Beteiligten auf Dokumentationsinstrumente für laufende Aufgaben und Projekte verständigt, tragen sie in jedem Falle zu einer Vertiefung der Verbindlichkeitskultur bei. Und schließlich darf nicht vergessen werden, dass ein (noch) nicht fertiggestellter Auftrag oder eine Aufgabe, die ihr Ziel nicht erreicht hat, nicht bedeuten muss, dass der Auftragnehmer versagt hat.

Wenn Sie die delegierten Aufgaben dokumentieren, entlastet das auch Sie als Auftragnehmer. Denn so wird beispielsweise offengelegt, dass

- ein Ziel zeitlich zu ehrgeizig geplant war und sich damit als zu anspruchsvoll – eben nicht „smart" – erwiesen hat,

- die Aufgabe inhaltlich bzw. fachlich bzgl. ihrer Komplexität unterschätzt wurde,

- Aufgaben nicht erledigt oder vorangetrieben wurden, weil entscheidende Zuarbeiten oder Zulieferungen nicht erfolgt sind (Grund der Nichterfüllung liegt an dritten Personen oder externen Ursachen),

- die Abstimmungen mit Dritten (Kunden, Lieferanten, Behörden, Prüfinstituten etc.) trotz sorgfältiger Planung nicht erfolgt sind, und anderes mehr.

Durch die nachhaltige Dokumentation unterstützen Sie also Ihren Lerneffekt beim Delegieren. Umgekehrt erkennen auch Ihre Mitarbeiter systematisch, wie die Umsetzung gelaufen ist, beispielsweise, ob sie womöglich ihre Kapazitäten falsch eingeschätzt haben.

Dokumentation heißt nicht „Überwachung"

Erleben Mitarbeiter diese – eigentlich transparenten – Kontrollinstrumente generell als überwachend oder reglementierend, gibt dies zu denken. Meist liegt dies nicht an den Dokumentationsinstrumenten selbst, sondern am autoritären und strafenden Verhalten unreflektierter und fachlich-inhaltlich abgehobener Führungskräfte – oder an einer fehlenden Verbindlichkeitskultur.

Beispiel: Wie es nicht funktioniert

Abteilungsleiterin Schlicht delegiert gerne. Dabei dokumentiert sie eifrig die Aufgaben, Ziele und vereinbarten Termine. Wird ein Termin jedoch nicht gehalten oder ein Ziel nicht zur Gänze erfüllt, wirft sie ihren Mitarbeitern vor, nicht nachhaltig, zuverlässig und qualitätsorientiert zu arbeiten, was diese wiederum als ungerecht, realitätsfern und undankbar erleben. Dabei hat Frau Schlicht es versäumt, die Delegationen nachzusteuern und Kontakt zu ihren Mitarbeitern zu halten.

Keine Planung der Welt ist so gut und präzise wie die Wirklichkeit. Also dürfen die an sich nützlichen Aufgaben- und Projektpläne nicht als sture Vorgaben gelebt werden. Sie bedürfen der Nachbesserung und der Abstimmung mit den Mitarbeitern, die zwangsläufig näher an den operativen Aufgaben stehen als der Vorgesetzte.

Vertrauen oder kontrollieren?

Lenin wird der Ausspruch zugeschrieben: „Vertrauen ist gut, Kontrolle ist besser." Historiker nehmen jedoch an, dass Lenin statt dieser verkürzenden Fehlübersetzung ein russisches Sprichwort zitiert hat: „Vertraue, aber prüfe nach!" (*Dowerjai, no prowerjai*). Im Unterschied der beiden Redeweisen liegt der wesentliche Punkt: Es sollte in Bezug auf Vertrauen und Kontrolle kein Entweder-oder geben. Echtes Vertrauen steht nicht im Widerspruch zur Prüfung (oder Kontrolle). Im Gegenteil: Wer blind vertraut, ohne sich – zumindest diskret – zu vergewissern, ob das investierte Vertrauen begründet war, ist eher vertrauensselig, blauäugig oder naiv.

Beispiel: Vertrauen heißt nicht Laufenlassen

 Der Leiter der Forschungsabteilung hat einen neuen Mitarbeiter. Er überträgt ihm eine verantwortungsvolle Aufgabe. Dabei verfährt er nach dem Grundsatz: „Wissenschaftler brauchen viel Freiraum" und lässt ihm freie Hand. Als er nach drei Wochen den Stand des Projekts erfragt, muss er feststellen, dass die delegierte Aufgabe nicht so weit gediehen ist, wie er erwartet hat, und auch nicht in die von ihm gedachte Richtung läuft.

Die Fehlentwicklung hat sich die Führungskraft selbst zuzuschreiben. Abstimmung, Austausch oder Fortschrittsberichte sind kein Zeichen von Misstrauen. Sie dienen als Kontrolleckpunkte der Absicherung (gemeinsam) festgelegter Ziele. Hierdurch wächst und festigt sich echtes, gegenseitiges Vertrauen.

Delegieren erfordert gegenseitiges Vertrauen

Vertrauen fällt nicht vom Himmel. Es entsteht in der Regel auch nicht bei der ersten Begegnung. Vielmehr entwickelt es sich aus der Erfahrung, dass sich die Erwartungen an und in eine Person durch entsprechendes Verhalten des Gegenübers bestätigen bzw. bewähren. Vertrauen ist also das Ergebnis (nachprüfbarer) positiver Erfahrungen.

Beispiel: Vertrauen langsam aufbauen

Der Abteilungsleiter hat dazugelernt. Eine neue Mitarbeiterin verfügt über gute Zeugnisse und wurde ihm von einem Kollegen empfohlen. Da er noch keine persönlichen Erfahrungen mit ihr sammeln konnte, delegiert er ihr vorerst kleine, überschaubarere Aufgaben. Nach und nach merkt er, dass all seine Aufträge zuverlässig und termingerecht erfüllt wurden. Durch das gewachsene Vertrauen geht der Vorgesetzte dazu über, seiner neuen Mitarbeiterin auch komplexere Aufgaben zu übertragen und die Kontrolldichte zu reduzieren.

Tipps zum Vertrauensaufbau

- Gewähren Sie Ihren Mitarbeitern generell einen gewissen Vertrauensvorschuss.

- Validieren und festigen Sie dieses Grundvertrauen durch angemessene Kontrollen; erst dann entsteht echtes Vertrauen.

- Kontrollieren Sie so wenig wie möglich, aber so viel wie nötig.

- Passen Sie Ihr Kontrollverhalten an die situative Führung an: motivierte, fähige Mitarbeiter brauchen eher weniger, unerfahrene und kaum motivierte Mitarbeiter eher mehr Kontrolle (s. u.).

Wie Sie Kontrollen vertrauensfördernd gestalten

In diesem Erfahrungsprozess ist es keinesfalls hinderlich, gezielt zu prüfen, ob und in welchem Maße die Erwartungen erfüllt wurden. Prüfungen oder Kontrollen bedeuten ja nicht automatisch, dass man einer Person gegenüber misstrauisch ist. Im Gegenteil: Die Kontrolle dient der Bestätigung (oder der Infragestellung) der eigenen Position oder Erfahrung.

Beispiel: Zwischenbericht

 Der F&E-Leiter bekommt einen neuen Mitarbeiter zugewiesen, dem er ein verantwortungsvolles Projekt überträgt. Als ersten Meilenstein verabredet er einen kurzen Zwischenbericht nach einer Woche. Als der Abteilungsleiter feststellt, dass das Projekt eine wenig vom Plan abweicht, wertschätzt er seinen neuen Mitarbeiter für die bisherige Arbeit und bespricht seine Korrekturwünsche. Es werden Missverständnisse aus dem Weg geräumt, und am Ende sind beide Seiten zufrieden, ohne dass der Mitarbeiter sich gegängelt fühlen musste.

Kontrolle oder Nachprüfung werden aber dann als Misstrauen aufgefasst, wenn sie überstrapaziert werden, etwa durch zu kleinteilige, „pingelige" Detailprüfungen oder durch die rasterhafte Dauerkontrolle von Personen, die ihre Vertrauenswürdigkeit längst unter Beweis gestellt haben. Sie werden dann als mangelnde Wertschätzung gesehen. Überlegen Sie einmal: Wenn Sie einem Menschen nicht vertrauen, dann schätzen Sie ihn wahrscheinlich auch nicht wirklich.

Umgekehrt kann es zur Vertrauensbildung beitragen, wenn Sie bei Delegationen und Arbeitsaufträgen klar machen, wann und woran das Zwischenergebnis oder Resultat gemessen werden soll. Ohne diese Eindeutigkeit kann Vertrauen gar nicht erst entstehen. Vergessen Sie also nie, smart zu delegieren!

Berichte als idealer Kontrollmechanismus

Wenn Sie zu engmaschig kontrollieren, erleben das die meisten Mitarbeiter als mangelndes Vertrauen. Bei einer Delegation kein wünschenswerter Effekt – schließlich wollen Sie doch Mitarbeiter, die selbstständig werden und mitdenken. Vermeiden Sie den Vertrauensverlust, indem Sie die Aktivität und Initiative der Kontrolle auf Ihre Mitarbeiter übertragen!

Kehren Sie die Hol- in eine Bringschuld

Das ist ganz einfach: Sorgen Sie als Führungskraft dafür, dass der Auftragnehmer sich zu einem festgelegten Zeitpunkt mit dem entsprechenden Ergebnis bei Ihnen meldet. An die Stelle der Prüfung durch den Vorgesetzten tritt also ein Bericht, den der Auftragnehmer an den Auftraggeber erstattet.

Die Vorteile dieses Verfahrens sind:

- Der Mitarbeiter wird aktiv und kommt auf Sie zu. Eventuell kann er einen (Teil-)Erfolg vermelden. Aus der (Nach-)Prüfung wird eine Erfolgsmeldung.

- Der Mitarbeiter fühlt sich nicht „verfolgt", sondern erkennt das in ihn gesetzte Vertrauen. Sie warten ja auf seinen Bericht und vertrauen auf seine Leistung.

- Sie ersparen es sich, Ihren Mitarbeitern hinterherzulaufen und müssen sich nur dann einschalten, wenn zugesagte Ergebnisberichte, Liefertermine etc. ausbleiben.

- Bewährt sich Ihr Vertrauen, können Sie die Berichtsdichte verringern und so den Aufwand für beide Seiten reduzieren. Damit zeigen Sie Ihrem Mitarbeiter, dass Sie ihm immer mehr zutrauen und ihn wertschätzen.

Wie bereits ausgeführt, lassen sich nicht alle Aufgaben gleichermaßen an alle Mitarbeiter delegieren. Die individuelle Mischung aus der Motivation für die Erfüllung einer Aufgabe, der fachlichen Kompetenz sowie des Reifegrads sind maßgeblich für die Überlegung, welchem Mitarbeiter Sie welche Aufgabe übertragen könnten. Entsprechend sind auch beim Berichtswesen pauschale Prozeduren nicht zielführend. Vielmehr sollten Sie Berichtsformen wählen, die den jeweiligen Mitarbeitertypen am besten entsprechen.

Checkliste: Berichte nach Mitarbeitertyp gestalten

der unerfahrene und wenig motivierte Mitarbeiter	engmaschige Fortschrittberichte, im Einzelfall ggf. auch täglich (z. B. bei Azubis)
der sich überschätzende Mitarbeiter	Etappenziele und entsprechende Zwischenberichte vereinbaren
der fähige, aber unwillige Mitarbeiter	Abschlussmeldung durch Auftragnehmer
der Mitarbeiter als Experte	Berichte auf planmäßige Abweichungen und Abschlussmeldung reduzieren

Pflegen Sie den offenen Dialog

Wenn sich Berichte erst einmal durchgesetzt haben, können Sie auch bei einer Vielzahl delegierter Aufgaben relativ entspannt bleiben. Hierzu ist es aber wichtig, dass Sie eine offene Kommunikation und zeitnahe Abstimmungen vorleben – und nicht nur von den Mitarbeitern einfordern. Wie bereits erwähnt, sind Vertrauen und Informationsdichte ein untrennbar verknüpftes Paar.

Deshalb sind solche Führungskräfte gut beraten, die sich mit ihrem Team ein Mal jährlich einen Tag (besser 1,5 Tage) Zeit nehmen, um gemeinsam und im offenen Dialog den Leistungsstand des Teams, die Arbeits- und Vertrauenskultur des Bereiches, die Ziele, Prozesse und Strukturen kritisch zu prüfen und zu optimieren.

In jedem Fall sollten Sie Entwicklungsberichte nicht als bloßes Informationsinstrument sehen. Es ist die beste Gelegenheit, um den Mitarbeitern ein motivierendes Feedback zu geben. Das klingt zwar selbstverständlich; doch zahlreiche Studien und Mitarbeiterbefragungen zeigen, dass Mitarbeiter in großen wie in kleinen Unternehmen vorwiegend zwei Missstände als demotivierend kritisieren:

- mangelnde Information durch die Führungskraft
- mangelnde Wertschätzung für erbrachte Leistungen.

Theoretisch kann beiden Demotivationsfaktoren relativ einfach abgeholfen werden, indem Sie Information und Wertschätzung bewusst und planungsmäßig in Ihr Führungsverhalten übertragen.

Berichte mit Wertschätzung verbinden

Eine gute Gelegenheit dazu haben Sie, wenn Ihre Mitarbeiter Bericht erstatten. Anerkennen Sie, was sie erreicht haben, und loben Sie sie für Erfolge.

Achten Sie aber darauf, dass Ihr Feedback nicht mechanisch und als nüchterne Pflichtübung erscheint. Auch, wenn nicht alles so lief, wie Sie sich das vorgestellt haben: Ihr Feedback sollte *immer* wertschätzend sein, damit es motiviert.

Es empfiehlt sich auch hier, nach dem Modell der situativen Führung vorzugehen und bei den unterschiedlichen Mitarbeitertypen unterschiedliche Schwerpunkte zu setzen.

Die Mischung von Kontrolle (als vertrauensbildende Maßnahme) und Wertschätzung bietet eine optimale Verbindung. Sie

fördert nachhaltig die Selbstständigkeit der Mitarbeiter und
macht es Ihnen einfacher, gute Leistungen anzuerkennen.

> Sie sollten die Berichtspflicht an Ihre Mitarbeiter delegieren, anstatt
> ihnen mit reaktiven Kontrollinstrumenten hinterher zu laufen.

Checkliste: Feedback nach Mitarbeitertyp gestalten

der unerfahrene und wenig motivierte Mitarbeiter	■ häufige ermutigende Rückmeldungen an den Auftragnehmer
	■ bei Abschluss komplexer Aufgaben deutliche Wertschätzung (auch im Team) zeigen
der sich überschätzende Mitarbeiter	■ eindeutige, aber eher sparsame Wertschätzung, um Überschätzung nicht zu fördern; keinesfalls ohne kritische Anmerkungen
	■ Lob und Anerkennung erst nach erfolgreichem Abschluss der Gesamtaufgabe, dann auch im Team Leistung herausheben
der fähige, aber unwillige Mitarbeiter	■ positive, dosierte Rückmeldung nach erfolgreichem Abschluss der Gesamtaufgabe
	■ insbesondere bei (ungeliebten) Routine-Aufgaben überschwängliches Lob vermeiden, eher mit kurzem Dank (weniger Lob) die Selbstverständlichkeit herausheben

der Mitar-	▪	Lob und Anerkennung nach erfolgrei-

der Mitar-
beiter als
Experte

- Lob und Anerkennung nach erfolgreichem Abschluss der Gesamtaufgabe

- Schwerpunkt auf indirekte Anerkennung
  legen (Mitarbeiter n Entscheidungen
  einbeziehen, ihm mehr Verantwortung
  übertragen, seinen Rat suchen etc.)

Rückdelegation vermeiden

Eine besondere Herausforderung ist die Rückdelegation, das bedeutet, die delegierte Aufgabe kommt unerledigt zu Ihnen zurück. Manchmal passiert dies unauffällig, manchmal mit lautem Getöse. In jedem Fall versucht der Delegationsnehmer mehr oder weniger geschickt und konsequent, die Aufgabe und damit verbundene Verantwortung wieder loszuwerden – und zwar an Sie. Damit ist die Delegation fehlgeschlagen.

Je nach Mitarbeitertyp lassen sich dabei typische Muster erkennen. Mit ihnen sollten Sie vertraut sein, um sich der Gefahr bewusst zu sein und einer Rückdelegation vorbeugen zu können.

Wie unterschiedliche Mitarbeitertypen zurückdelegieren

Wenn Sie mit einer Rückdelegation wie der folgenden konfrontiert werden, haben Sie es wahrscheinlich mit einem eher unzuverlässigen Mitarbeiter zu tun.

Beispiel: Der unzuverlässige Mitarbeiter

 Sie haben einem Mitarbeiter eine wichtige Termin-Aufgabe übertragen. Nachdem Sie wochenlang nichts von ihm hören, keimt in
Ihnen der Verdacht auf, dass er mit der Umsetzung noch nicht
begonnen hat Sie befürchten, dass er nicht rechtzeitig fertig
wird. Also beschließen Sie, die Sache selbst in die Hand zu
nehmen – sicher ist sicher.

Es gibt aber auch den Fall, dass ein Delegationsempfänger
ständig mit Rückfragen auf Sie zukommt, sodass Sie dauerhaft in die Aufgabe involviert bleiben. Das kann im schlimms-
ten Fall dazu führen, dass Sie dafür die eigenen Aufgaben
vernachlässigen.

Beispiel: Die hilflose Mitarbeiterin

 Sie haben eine Mitarbeiterin aus einer anderen Abteilung als
Aushilfssekretärin bekommen. Die Daten der neuen Produktpa-
lette sollen für den Katalog vorbereitet werden. Doch alle Stunde
steht die Mitarbeiterin in Ihrem Büro und fragt, was genau sie als
nächstes tun soll.

Häufig kommt dies beim Typus „hilfloser Mitarbeiter" vor. Bei
einem unsicheren Mitarbeiter hingegen ist es nicht untypisch,
dass Sie sich nach der Delegation in einer Art Dauer-Prüfstand
befinden, was Ihre Zeit und Aufmerksamkeit über Gebühr in
Anspruch nimmt.

Beispiel: Der ungeeignete Mitarbeiter

 Ein neuer Sachbearbeiter fragt ständig seinen Gruppenleiter, ob
das, was er ausgearbeitet hat, auch richtig sei. Der lässt sich
schließlich routinemäßig zwei Mal am Tag den neuen Stand
berichten.

Richtig problematisch wird es bei Mitarbeitern, bei denen sich zeigt, dass sie für die vorgesehene Aufgabe ungeeignet sind. Wer sich unzureichende oder fehlerhafte Ergebnisse nicht erlauben kann, kommt in der Regel schnell zu dem Schluss, dass es besser ist, dem Mitarbeiter die Aufgabe wieder zu entziehen und sie selbst zu erledigen. Doch das ist natürlich nicht der richtige Weg.

> Kommen Ihnen die oben beschriebenen Beispiele bekannt vor? Wenn ein großer Anteil Ihrer Aufgaben aus Rückdelegationen besteht, sollten Sie Ihr Führungs- bzw. Delegationsverhalten ändern.

Bevor wir Alternativen aufzeigen, lassen Sie uns erst einmal auf die andere Seite schauen, auf den Delegationsnehmer.

Bleiben Sie entspannt

Im Wirtschaftsbereich spricht man vom „homo oeconomicus", also vom Menschen als ökonomisches Lebewesen. Ökonomisch handeln bedeutet so viel wie: „Mit möglichst wenig Aufwand viel erreichen." Warum sollte ein ökonomisch handelnder Mensch einen Auftrag erfüllen – und zudem auch noch selbstständig und zuverlässig –, wenn es andere gibt, die das für ihn tun? Sie müssen dabei nicht einmal annehmen, dass diese Handlungsweise bewusst erfolgt, vielmehr geschieht ökonomisches Handeln als eine Art Reflex. Womöglich hat sich bei einem Auftragnehmer das Verhaltensmuster der Rückdelegation bewährt und somit verstärkt.

Betrachten Sie die Sache als Spiel. Und anstatt sich aufzuregen, machen Sie dem Delegationsnehmer klar, dass Sie das Spiel durchschaut haben. Mit dem Hinweis: „Ich fürchte, was hier gerade passiert, ist eine klassische Rückdelegation. Da sollten wir beide zusehen, dass uns etwas Besseres einfällt", legen Sie die Karten auf den Tisch. Und dann gehen Sie konsequent mögliche Alternativen an.

So reagieren Sie auf Rückdelegationen

Auch bei Rückdelegationen sollten Sie mit den unterschiedlichen Mitarbeitertypen differenziert umgehen.

- **Vorgehen beim unzuverlässigen Mitarbeiter:** Setzen Sie eindeutige Termine (Smart-Kriterien) und fordern Sie ein, dass sich Ihr Mitarbeiter zum vereinbarten Kontroll-/ Berichtstermin bei Ihnen meldet. Auch bei ihm können Sie also die Kontrollpflicht in eine Berichtspflicht umkehren und damit die Verantwortung für die rechtzeitige Information an ihn geben.

- **Vorgehen beim hilflosen Mitarbeiter:** Animieren Sie den Delegationsnehmer dazu, zuerst selbst nachzudenken, bevor Sie sich als Ratgeber, Korrektor oder Supervisor zur Verfügung stellen. Achten Sie außerdem darauf, dass Sie nicht permanent verfügbar sind (s.u.).

- **Vorgehen beim unsichereren Mitarbeiter:** Sucht Ihr Mitarbeiter Rat und Hilfe, setzen Sie eine Besprechung an und lassen Sie ihn diese prinzipiell vorbereiten. Bauen Sie gegebenenfalls eine Zwischenlösung ein, etwa durch eine Vertreterregelung, um sich zu entlasten. Denken Sie an Möglichkeiten der Entwicklung bzw. Fortbildung.

- **Vorgehen beim untauglichen Mitarbeiter:** Prüfen Sie: Ist dieser Mitarbeiter der richtige Delegationsnehmer für die

Aufgabe – und zur richtigen Zeit am richtigen Ort? Kann er nicht? Dann ist Entwicklung oder Weiterbildung angebracht. Oder will er nicht? Dann müssen Sie seine Leistung konsequenter einfordern und bewerten, z.B. im Mitarbeitergespräch. Ist im permanenten Widerholungsfall und als letzte Konsequenz eine Versetzung möglich?

> Bleiben Sie stets freundlich, aber konsequent. Sie wollen ja zwei Ziele erreichen: Erstens Ihre Mitarbeiter nicht demotivieren, und zweitens eine Rückdelegation verhindern.

Checkliste: So schützen Sie sich vor Rückdelegation

Mitarbeitertyp	Maßnahmen
der unzuverlässige Mitarbeiter	▪ eindeutig vereinbaren, zu welchen Terminen der Mitarbeiter Berichte liefert
der hilflose Mitarbeiter	▪ Mitarbeiter soll vor einem Hilfeersuchen Lösungsvorschläge und eine Problemanalyse unterbreiten (s. u.)
der unsichere Mitarbeiter	▪ Weiterbildung ▪ deutliches Lob bei Erfolgen ▪ Mitarbeiter soll Lösungsvorschläge unterbreiten
der untaugliche Mitarbeiter	▪ kritisch hinterfragen, ob zur Delegation geeignet ▪ ggf. Weiterbildung / Schulung

Gerade hilflose und unsichere Mitarbeiter sind in ihrer Ökonomie so konsequent, dass sie sich reflexartig nicht nur
unbequemen Aufgaben zu entziehen versuchen, sondern bereits die ersten Gedanken daran verschmähen. Praktisch ge-
sprochen: Bevor sie eine Aufgabe auch nur halbwegs gedank-
lich erfasst oder überdacht haben, entwickeln sie bereits
Unsicherheit oder Hilflosigkeit. Und schon stehen sie bei
Ihnen in der Tür und fragen um Rat, Hilfe, Wegbeschreibun-
gen etc. Und Sie haben ein Problem mehr am Hals.

Hierzu drei Empfehlungen:

- **Vermeiden Sie das Prinzip der offenen Tür.** Es ist nett
  gemeint („Ich bin immer für Euch da!"), untergräbt aber
  jedes Zeitmanagement. Wie wollen Sie denn realistisch
  planen, wenn Sie jedermann jederzeit gestatten, Ihre Zeit
  in Anspruch zu nehmen? Schließen Sie Ihre Tür, wenn Sie
  an wichtigen Aufgaben arbeiten. Und öffnen Sie sie, wenn
  Sie wirklich offen sind für ungeplanten Besuch. Machen
  Sie Ihren Mitarbeitern klar, dass eine geschlossene Türe
  bedeutet, dass Sie nicht gestört werden wollen.

- **Blocken Sie Überfälle ab.** Erbittet ein Mitarbeiter „drin-
  gende Hilfe", blicken Sie symbolträchtig auf Ihren Kalender
  oder Ihre Uhr und sagen Sie: „Ich helfe gern, aber heute bin
  ich unter Druck und habe ich keinen Termin mehr frei. Wie
  sieht es aus mit Dienstag um 13:30 Uhr, da kann ich mir
  eine halbe Stunde Zeit für Sie nehmen." Versuchen Sie es!
  Sie werden sehen: 50 Prozent aller Anfragen werden sich
  erledigt haben, ohne dass Sie jemanden vor den Kopf
  gestoßen haben. Denn in der Regel suchen die Betreffen-

den in der Zwischenzeit woanders Hilfe oder lösen das Problem selbst.

- **Nutzen Sie einen Leitfaden für Rücksprachen.** Machen Sie vor allem unselbstständigen Delegationsnehmern klar, dass Sie erwarten, dass dieser Bogen vor jedem Problemgespräch mit Ihnen ausgefüllt wird.

Vorbereitungsbogen für Rücksprachen

Projekt / Aufgabe:

Wie ist der aktuelle Bearbeitungsstand?

☐ Vorbereitung läuft ☐ Grobkonzept ☐ Feinkonzept

☐ Fertigstellung / Umsetzung zu .... % erfolgt

Was behindert die planmäßige Umsetzung?

☐ Klärung / Feinjustierung des Ziels der Aufgabe / des Projekts

☐ Abstimmung / Entscheidungen zu Methodik / Technik / speziellen inhaltlichen Fragen

☐ Entscheidungen über Beschaffung / Unterstützung

☐ Sonstiges:

Wenn Sie anstehende Entscheidungen selbstständig treffen könnten/ müssten, was würden Sie tun (oder empfehlen)?

Vorbereitungsbogen für Rücksprachen

Falls bei der Aufgabe / im Projekt Probleme mit der Umsetzung entstanden sind, was genau ist das Problem?

Gibt es alternative Lösungen; und welche sind dies?

Falls alternative Lösungen möglich sind,

a. für welche Lösung würden Sie sich entscheiden?

b. Warum haben Sie diese Lösung gewählt?

Was haben Sie bereits unternommen, um ein bestehendes Problem

a. zu analysieren?

b. zu lösen?

Falls Sie bei der Umsetzung Ihrer Aufgabe / Ihres (Teil-) Projekts Rat und Unterstützung suchen: Was genau erwarten Sie von Ihrem Gesprächspartner? Was kann / soll er für Sie tun?

Dieser Leitfaden kann die Gefahr der Rückdelegation eindämmen. Denn er soll Ihre Mitarbeiter dazu animieren, sich vorab Gedanken dazu zu machen, wie sich das Problem lösen lässt – anstatt kopflos nach einem Abnehmer dafür zu suchen. Im besten Fall ergeben sich dadurch erste Handlungsansätze. Mit dem Effekt, dass sich der Mitarbeiter in seiner Methoden- und Handlungskompetenz bestätigt sieht.

Auf einen Blick: Nachhaltigkeit schaffen

- Was im Zeitmanagement gilt, sollten Sie auch bei delegierten Aufgaben anwenden: Alle vergebenen Delegationsaufträge sollten Sie dokumentieren und nachverfolgen. Es geht dabei nicht um detailversessene Überwachung Ihrer Mitarbeiter. Sie sollen jedoch alle Aktivitäten schnell überblicken können, um Ressourcen optimal zu verplanen.

- Engmaschige Kontrollen demotivieren Ihre Mitarbeiter – vor allem solche, die fähig und/ oder motiviert sind. Passen Sie Ihre Kontrolle dem Mitarbeitertyp an. Bauen Sie Vertrauen auf, aber kein blindes. Setzen Sie auf Verbindlichkeit.

- Führen Sie ein routinemäßiges Berichtswesen ein. Wie bei der Auftragsgabe vereinbart, informiert Sie dabei der Delegationsnehmer aktiv über den Zwischenstand oder den Abschluss der Arbeit sowie die Ergebnisse. Leistungsträger berichten möglichst wenig, hilflose oder unfähige Mitarbeiter häufig.

- Ihre permanente Verfügbarkeit, vorschnelle Unterstützung, fehlende Verbindlichkeitskultur oder unklare Ziele fördern Rückdelegation. Lassen Sie sich vor allem von hilflosen oder unwilligen Mitarbeitern nicht überrumpeln. Animieren Sie sie dazu, ein auftretendes Problem zunächst zu analysieren und dann selbst nach der Lösung zu suchen – bevor sie auf Sie zukommen.

Mitarbeiter fördern und fordern

In diesem Abschnitt kommen wir noch einmal darauf zurück, warum Delegieren ein klassisches Führungsinstrument ist. Es geht nicht allein darum, dass Sie sich damit Zeit sparen. Vielmehr können Sie Ihre Mitarbeiter durch die gezielte Übertragung bestimmter Aufgaben weiterentwickeln. Und Sie können sie nachhaltig motivieren.

Lesen Sie im Folgenden,

- was Mitarbeiter von ihren Vorgesetzten erwarten – generell und beim Delegieren,
- wie man Mitarbeiter durch die Übertragung von Aufgaben entwickeln kann,
- was einen Mitarbeiter wirklich bei der Aufgabenerfüllung motiviert und
- wie Sie schwächere Mitarbeiter coachen können.

Was Mitarbeiter erwarten

Studien der großen Unternehmensberatungen (z.B. die Mitarbeiterbefragungen von Gallup) zeigen immer wieder auf,
was sich Mitarbeiter von ihren Vorgesetzen wünschen. Ein
wichtiger Punkt ist: Sie sollten genügend Zeit für ihre Mitarbeiter haben. Ist dies nicht der Fall, wird ihnen das durchaus
verübelt.

Außerdem sollten Vorgesetzte nach den Vorstellungen ihrer
Mitarbeiter

- erreichbare Ziele vorgeben und ihre Erwartungen und
  Erfolgskriterien transparent machen,
- Prioritäten setzen und ihre Kräfte bündeln – schließlich
  müssen Mitarbeiter wissen, welche Aufgaben prioritär sind
  (und welche eher nachrangig zu behandeln sind),
- ihre Mitarbeiter umfassend über Ziele, Strategien und
  Entwicklungen informieren,
- sie in Entscheidungen einbeziehen, vor allem wenn sie
  arbeitsplatzrelevant sind,
- ihre Entscheidungen begründen und erklären – und keine
  einsamen Beschlüsse fällen,
- Werte und Regeln im Team definieren, die sie auch selbst
  einhalten,
- eine ehrliche, offene Kommunikation pflegen,
- sich nach oben und nach unten durchsetzen und
- authentisch sein.

Mitarbeiter erwarten ferner von ihren Vorgesetzten, dass sie Konflikte erkennen und angehen, dass sie Konsequenz zeigen und Verbindlichkeit herstellen. Sie erwarten Rückendeckung von ihnen, aber auch, dass sie ansprechbar sind und ein offenes Ohr für ihre persönlichen Belange haben.

Erwartungen im Blick behalten

Dass Führungskräfte delegieren, erwarten Mitarbeiter ohnehin – es ist für die meisten völlig normal. Viele Mitarbeiter – das gilt vor allem für die leistungswilligen – wünschen sich in der Regel, dass sie durch höherwertige Aufgaben und Weiterbildung gefördert und entwickelt werden.

Natürlich haben Mitarbeiter auch bestimmte Vorstellungen darüber, wie sich die Übertragung von Aufgaben gestalten sollte. Hier spielen insbesondere die folgenden Erwartungen eine Rolle:

- Der Vorgesetzte sollte intelligente bzw. tolerierbare Fehler als Lernfaktor zulassen können.
- Anstatt dass ihnen alles haarklein vorgeben wird, wünschen sich Mitarbeiter Freiräume.
- Sie wollen authentisches Feedback hören, das durchaus kritisch sein kann, aber wertschätzend geäußert wird.
- Wenn ein Mitarbeiter Erfolg hat, erwartet er von seinem Vorgesetzten Anerkennung, und nicht, dass dieser den Erfolg für sich reklamiert.
- Der Vorgesetzte sollte loslassen können.

Beispiel: Einmischen unerwünscht

Abteilungsleiter Müller hat seiner Mitarbeiterin eine Aufgabe delegiert, deren Umsetzung sich über ca. zwei Wochen erstreckt. Zwar vertraut er prinzipiell in die Kompetenz und Motivation seiner Mitarbeiterin. Aber er ist gespannt auf das Ergebnis. So fragt es sie ständig beiläufig nach der Entwicklung dieser Aufgabe und kann sich nicht verkneifen, eigene Vorschläge über alternative Vorgehensweisen zu machen. Seine Mitarbeiterin reagiert zunehmend gereizt und schimpft bei ihren Kollegen: „Typisch Müller! Er verteilt Aufgaben an uns, weiß aber immer alles besser. So macht die Arbeit echt keinen Spaß mehr!"

Was Sie investieren müssen

Die oben gelisteten Wünsche sind berechtigte Ansprüche auf Sinnhaftigkeit der Arbeit, auf Anerkennung und Motivation. Natürlich fordern die Erwartungen der Mitarbeiter auch Ihre Ressourcen – Ihre Energie und Zeit. Doch diese Investition lohnt sich.

Beispiel: Zeit investieren lohnt

Als Frau Jennig, Abteilungsleiterin der Kundenbetreuung, damit begann, mehr zu delegieren, litt sie unter einem deutlichen Mehraufwand. Sie musste Delegationsgespräche vorbereiten, Zeiten für Zwischenberichte oder -gespräche im Kalender freihalten und auch die eine oder andere Nachfrage ihrer Mitarbeiter beantworten. Bisher war sie eher nach dem Motto verfahren: „Bis ich diese Aufgabe jemand erklärt habe, habe ich sie längst erledigt!" Nun sind sechs Wochen vergangen, und sie spürt erste Veränderungen. Durch die Dokumentation der delegierten Aufgaben hat sie nun einen besseren Überblick. Ihre Mitarbeiter wirken wesentlich zufriedener – die Vergabe transparenterer Aufgaben, zusätzliche Befugnisse und Ermessenspielräume tun ihnen offenbar gut. Immer öfter kann Frau Jennig ihren Mitarbeitern ein positives Feedback geben oder sie loben.

Hier hat sich die nachhaltige Veränderung des Delegationsmanagements überaus bezahlt gemacht. Wer dagegen nicht bereit ist, seine Zeit und Energie auf das Delegieren zu verwenden, bewegt sich in einem Teufelskreis: Die Mitarbeiter werden unmotivierter und unselbstständiger. Weil sie keine neuen Aufgaben erhalten, sind sie immer weniger bereit, Verantwortung zu übernehmen. Das bewegt die Führungskraft dazu, ihnen auch immer weniger verantwortungsvolle Aufgaben zu übertragen – was wiederum zur weiteren Demotivation der Mitarbeiter führt. Die Führungskraft bürdet sich im Gegenzug immer mehr auf, usw.

Mitarbeiter durch gezielte Delegation entwickeln

Wir haben bereits ausgeführt, dass es im Rahmen der situativen Führung wichtig ist, die Mitarbeiter hinsichtlich ihrer Motivation und Kompetenz richtig einzuschätzen und einzusetzen. Konsequente und kontrollierte Delegation bietet andererseits eine gutes Möglichkeit, Mitarbeiter zu entwickeln und zu fördern. In diesem Kontext ist es notwendig, ein anderes Führungsinstrument begleitend einzusetzen: die Leistungsbeurteilung. Entscheidend ist dabei, alle Mitarbeiter nach den gleichen Kriterien zu beurteilen, etwa durch die folgenden.

Kriterien für eine systematische Leistungsbeurteilung

Kriterien	Bewertung nach Punkten					
Arbeitsqualität und -quantität						
Arbeitsmenge	0	1	2	3	4	5
Fehlerfreiheit / Qualität	0	1	2	3	4	5
Einhalten von Vorgaben	0	1	2	3	4	5
Arbeitsbeziehungen / Teamverhalten						
Hilfsbereitschaft	0	1	2	3	4	5
Freundlichkeit	0	1	2	3	4	5
Informationen liefern	0	1	2	3	4	5
Kundenbeziehungen						
Freundlichkeit	0	1	2	3	4	5
Erreichbarkeit	0	1	2	3	4	5
Überzeugungsvermögen	0	1	2	3	4	5
Eigeninitiative / Selbstständigkeit						
Aufgaben anpacken	0	1	2	3	4	5
Probleme benennen	0	1	2	3	4	5
Lösungen	0	1	2	3	4	5
Zuverlässigkeit						
Verbindlichkeit	0	1	2	3	4	5
Termintreue	0	1	2	3	4	5
Genauigkeit	0	1	2	3	4	5

Kriterien	Bewertung nach Punkten					
Flexibilität						
Einsatzbereitschaft	0	1	2	3	4	5
Lernbereitschaft	0	1	2	3	4	5
Flexibilität bei Aufgaben	0	1	2	3	4	5
wirtschaftliches Handeln (optional)						
Umgang mit Materialien	0	1	2	3	4	5
Kostenbewusstsein	0	1	2	3	4	5
Verbesserungsvorschläge	0	1	2	3	4	5
Mitarbeiterführung (optional)						
Lösung von Problemen	0	1	2	3	4	5
Information der Mitarbeiter	0	1	2	3	4	5
Ansprechbarkeit für Mit-arbeiter	0	1	2	3	4	5
Gesamtbewertung						

Wer bei der Beurteilung Unterschiede z.B. nach Berufsgruppen machen möchte, kann dies tun, indem für bestimmte Bewertungskriterien Gewichtungsfaktoren (Multiplikatoren) zur Anwendung gebracht werden.

Systematische Leistungsbeurteilung mit Gewichtungsfaktoren (Beispiel)

Kriterien	Punktwertung (max. 5 Punkte)	Gewichtungsfaktor (1–3)
Arbeitsqualität/ -quantität	5	3
Arbeitsbeziehungen	2	1
Kundenbeziehungen	3	2
Eigeninitiative	4	2
Zuverlässigkeit	5	3
Flexibilität	4	2
Mitarbeiterführung (optional/falls zutreffend)	ohne Bewertung	2
wirtschaftliches Handeln (optional / falls relevant)	4	1
Punktzahl	**(von möglichen 70)**	

Auch wenn sie in Ihrem Unternehmen nicht routinemäßig zum Einsatz kommt: eine Leistungsbeurteilung an sich ist unverzichtbar. Damit können Sie Ihre Mitarbeiter hinsichtlich ihrer Erfolge und Leistungen, aber auch in Bezug auf ihr Potenzial systematisch und realistisch einschätzen. Die individuelle Performance wird zudem transparent für andere, etwa Ihre Vorgesetzten.

Mit der Leistungsbewertung können Sie dann an zwei andere Führungsinstrumente anknüpfen:

- **Motivationdurch Wertschätzung fördern:** Bewährte und einsatzbereite Mitarbeiter können Sie für Ihre Leistungen ausdrücklich loben, etwa in einem Jahresgespräch.

- **Mitarbeiter durch geeignete Fördermaßnahmenentwickeln:** Die Weisheit: „Man wächst mit seinen Aufgaben" gilt insbesondere für das Führungsinstrument Delegation. An Mitarbeiter, die in einzelnen Leistungsbereichen nicht zufriedenstellend abschneiden, können Sie Aufgaben übertragen, in denen sie einen entsprechenden Entwicklungs- und Übungsbedarf zeigen.

Beispiel: Die Schwachstelle

Ein junger Techniker zeichnet sich durch sehr gute Arbeiten aus. Er bildet sich fort, ist ehrgeizig, fleißig und in punkto Arbeitsqualität und -quantität mehr als überdurchschnittlich. Seine Leistungsbeurteilung fällt allgemein deutlich positiv aus. Sein Manko: Er ist der geborene Eigenbrötler. Trotz seiner Erfahrung und seines umfangreichen Fachwissens gibt er kaum Wissen an jüngere bzw. weniger erfahrene Kollegen weiter. Und wenn, dann nur auf ausdrückliches Verlangen.

Der Abteilungsleiter teilt dem Mitarbeiter im Rahmen eines Mitarbeitergesprächs dezidiert mit, dass er dieses Verhalten nun schon öfter festgestellt hat. Auch wenn der Chef die sonst gezeigten Leistungen gebührend anerkennt, dieser Punkt trägt dem Techniker eine etwas schlechtere Gesamtbeurteilung ein.

Nutzen Sie Leistungsvereinbarungen

Anstatt es bei der Kritik an einem neuralgischen Punkt zu belassen, hätte der Vorgesetzte des Technikers nun die Möglichkeit, eine Leistungsvereinbarung auszuhandeln, die sich an der vorangegangenen Leistungsbeurteilung orientiert.

Dies bedeutet, eine Aufgabe vorzuschlagen, durch deren Erfüllung sich der Mitarbeiter im entsprechenden Leistungs-
kriterium zukünftig verbessern könnte. Erfüllt er die Aufgabe
tatsächlich entsprechend, wird sich dies positiv auf seine
nächste Beurteilung auswirken.

Beispiel: Entwickeln durch Delegation

 Der Techniker soll Frau Weber, eine ehemalige Praktikantin, die
kürzlich als feste Mitarbeiterin eingestellt wurde, über zwei
Monate hinweg betreuen. Die Aufgabe, die ihm sein Vorgesetzter
im Mitarbeitergespräch delegiert, lautet wie folgt: „Sie sollen
Frau Weber vom 1. April bis Ende Mai in das Produktionsver-
fahren XY so einarbeiten, dass sie in der Lage ist, dieses ab
Anfang Juni selbstständig und fehlerfrei anzuwenden."

Achten Sie beim entwickelnden Delegieren auf Folgendes:

- Wenn Sie Anlass zu Kritik haben, sollten Sie es nicht bei
  einer letztlich passiven, rückblickenden Leistungsbeurteilung belassen. Machen Sie dem betreffenden Mitarbeiter
  vielmehr deutlich, was genau Sie von ihm in Zukunft
  erwarten (prospektive Sicht).

- Wichtig ist, dass Ihre Mitarbeiter genau wissen, mit welchen erwünschten Verhaltensweisen sie eine bessere Leistungsbeurteilung erreichen können. Sie sollten das Ziel der
  delegierten Aufgabe erkennen, ebenso wie den Nutzen für
  sich und das gesamte Team.

Im Idealfall löst die Delegation eine Initialzündung aus: Dann
legt der betreffende Mitarbeiter auch nach der erfolgreichem
Erledigung der Aufgabe immer öfter das erwünschte Verhalten an den Tag.

Denken Sie auch an klassische Weiterbildung

Natürlich ist eine Delegation nicht die einzig mögliche Lösung, um Mitarbeiter zu entwickeln. Häufig sind klassische Maßnahmen der Personalentwicklung das erste Mittel der Wahl. Zeigt ein Mitarbeiter bei seiner Beurteilung etwa erhebliche fachliche Defizite, ist in der Regel zunächst eine passende Fortbildungsmaßnahme angebracht, etwa ein fachliches Seminar, um die erforderlichen Kenntnisse bzw. Fähigkeiten sicher auszubauen.

Insofern sollten Sie im Nachgang von Mitarbeiterbeurteilungen immer daran denken, ob und wie Defizite am besten zu beheben sind. Insbesondere bei unsicheren und unfähigen Mitarbeitern ist es wichtig, den Bedarf an Weiterbildung – in Abstimmung mit der Personalabteilung – klar zu umreißen. Sonst kann Delegation hier nur sehr bedingt funktionieren.

Nutzen Sie für Ihre Einschätzung den folgenden Erhebungsbogen.

Erhebungsbogen zum Personalentwicklungsbedarf zur Rückmeldung an die Personalabteilung

Name und Vorname des Mitarbeiters ....

Abt. .... Tel.: ....

Name und Vorname des Vorgesetzten ...

Abteilung .... Tel.: ....

Welche Qualifikation wird benötigt?

Erhebungsbogen zum Personalentwicklungsbedarf zur Rückmeldung an die Personalabteilung

Welches Thema / welcher Inhalt soll vermittelt werden?

Was ist das Ziel der Maßnahme?

Für welche Funktionen (Projekt-, Abteilungsleitung etc.) bzw. welche Aufgaben wird die Qualifikation benötigt?

Auf welchen Vorkenntnissen und Erfahrungen kann die Weiterbildung aufbauen?

Welche Lernform entspricht Ihren Erfordernissen?

☐ Seminar

☐ Training

☐ Hospitation

☐ Lehrgang

Bestehen terminliche Einschränkungen?

Vorkenntnisse zum Weiterbildungsthema

☐ keine

☐ Grundkenntnisse

☐ fundierte Kenntnisse

Welche Maßnahmen wurden bereits durchgeführt?

Dringlichkeit der Maßnahme

☐ sehr dringend

☐ möglichst bald

☐ bei Gelegenheit

Spätester Umsetzungstermin? ....

Der Bedarf für diese Maßnahme ist zwischen Mitarbeiter und Führungskraft abgesprochen.

☐ ja ☐ nein

Sind die ungefähren Kosten bekannt?

☐ ja ☐ nein

Höhe der Kosten ....

Wie Sie mit Delegation motivieren

Welche Faktoren motivieren Mitarbeiter? Was genau bringt sie dazu, trotz des schönen Wetters und ungeachtet der Berge von Arbeit auf dem Schreibtisch morgens früh aufzustehen und zur Arbeit zu gehen – und das vielleicht sogar noch gerne? Wer Mitarbeiter dazu befragt, erhält folgende Antworten:

- Ein Aufgabengebiet mit abwechslungsreichen, interessanten Arbeitsinhalten bzw. -themen

- die Sinnhaftigkeit ihrer Tätigkeit; d.h., dass sie einen Nutzen darin erkennen;

- Herausforderungen fachlicher oder allgemeiner Art,

- ein gutes Arbeitsklima, d.h. freundlich, kooperativ, interdisziplinär und teamorientiert, sowie gute Arbeitsbedingungen (Räumlichkeiten, Ausstattung)

- Erfolg,

- Aufstiegs- und Entwicklungsmöglichkeiten (Weiterbildungsangebote),

- eine im Vergleich zu Kollegen mit ähnlichen oder gleichen Aufgaben angemessene Vergütung,

- selbstbestimmtes Arbeiten mit persönlichen Freiheiten, etwa bei der Arbeitseinteilung,

- Entscheidungsbefugnisse,

- Wertschätzung durch Anerkennung bzw. Lob,

- Verbindlichkeit, d.h. Vorgesetzte und Arbeitgeber halten sich an Absprachen.

Vor allem Verantwortung, Leistung zeigen können, Anerkennung sowie Entwicklungs- und Aufstiegsmöglichkeiten sind für Mitarbeiter starke Motivationsfaktoren. Mit Ihrem Führungsverhalten können Sie die Motivation Ihrer Mitarbeiter entsprechend beeinflussen. Im Rahmen Ihrer Delegation sollten Sie folgende Maßnahmen ergreifen:

- Schaffen Sie formalistische Kontrollen ab, aber bleiben Sie in der Verantwortung.
- Dehnen Sie die Verantwortung des Einzelnen für seine Arbeit schrittweise aus.
- Räumen Sie Ihren Mitarbeitern mehr Befugnisse und Entscheidungsfreiheit ein.
- Teilen Sie ihnen zusammenhängende Aufgaben zu.
- Lassen Sie Ihre Mitarbeiter periodisch über ihre Erfolge berichten.
- Führen Sie anspruchsvolle und neue Aufgaben ein.
- Machen Sie einzelne Mitarbeiter durch spezielle Aufgaben zu Experten.

Der Weg zum Ziel muss motivieren

Im Folgenden wollen wir ein Motivationsmodell beschreiben, das einige der oben genannten Motivatoren enthält. Das Modell enthält folgende Grundhypothesen:

- Ein wichtiges Motivationsmerkmal ist die Anerkennung, ein weiteres der Erfolg. Anerkennung setzt den Erfolg als notwendige Voraussetzung voraus: Ohne Erfolg ergibt sich keine echte Wertschätzung. Persönliche Zuwendung allein kann die erfolgsbezogene Anerkennung, das Lob, nicht ersetzen.

- Erfolg bedeutet nichts anderes, als ein selbst gestecktes, gemeinsam definiertes oder vorgegebenes Ziel zu erreichen. Wer Wertschätzung und Anerkennung anstrebt, braucht also ein exakt definiertes Ziel, das er – für sich und andere sichtbar – erreichen kann. „Herausfordernd" ist dabei ein Qualitätsmerkmal für das angestrebte Ziel.

- Selbstständigkeit, Freiheiten und Entscheidungsbefugnisse fördern die Motivation zudem, weil der Mitarbeiter dadurch das Gefühl erhält, durch eigenen Willen und seine Kompetenzen erfolgreich zu sein. Hier können sich Innovation und Kreativität entfalten

- Ein gutes Arbeitsklima bzw. Arbeitsbedingungen (Ressourcen), die den Weg zum Ziel effizienter und emotional angenehmer gestalten, sind weitere Motivationsfaktoren (sog. sekundäre Motivation).

- Nicht jede Arbeit macht jedem Mitarbeiter dauerhaft Spaß! Aber dieser Faktor wird erhöht, wenn auch weniger erfüllende Aufgaben zumindest in gewissen Freiräumen und in einem gut kooperierenden Team erfüllt werden können.

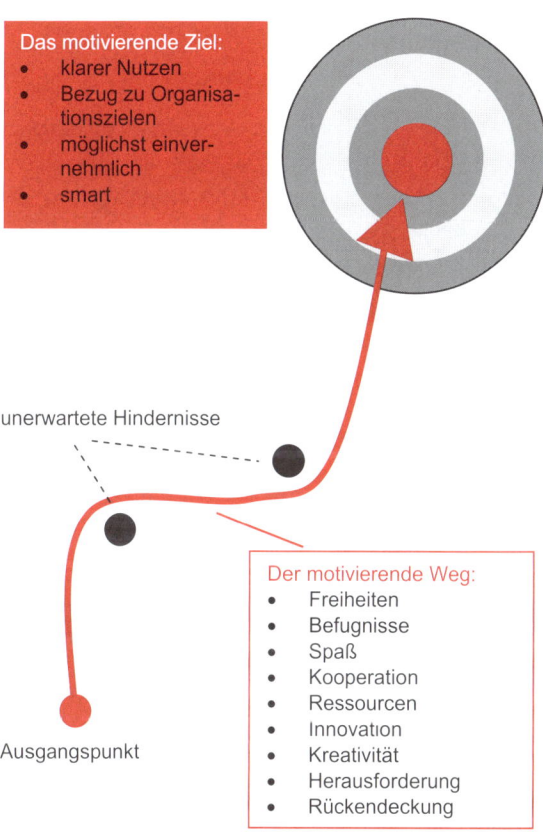

Das motivierende Ziel:
- klarer Nutzen
- Bezug zu Organisationszielen
- möglichst einvernehmlich
- smart

unerwartete Hindernisse

Der motivierende Weg:
- Freiheiten
- Befugnisse
- Spaß
- Kooperation
- Ressourcen
- Innovation
- Kreativität
- Herausforderung
- Rückendeckung

Ausgangspunkt

Zieldefinition und Aufgabengestaltung: So motivieren Sie bei der Delegation

Zwei Dinge sind also entscheidend, damit Delegationen motivierend verlaufen:

- Erst wenn Mitarbeiter das exakte Ziel ihrer Aufgaben kennen, können sie sich mit den Inhalten ihrer Tätigkeit identifizieren. Außerdem können sie auch nur dann erkennen, wie weit sie sich diesem Ziel schon angenähert haben. Ist das Ziel schließlich erreicht, sollten sie für ihren Erfolg entsprechend Anerkennung bekommen.

- Schon der Weg zum Ziel muss motivierend erscheinen. Und das der Tatsache zum Trotz, dass sich dieser Weg in der Praxis meist schwieriger erweist als in der Theorie. Ihre Aufgabe als Führungskraft ist es, dafür zu sorgen, dass alle Hindernisse nach Möglichkeit beseitigt werden. Der bekannte Werbeslogan einer Bank: „Wir machen den Weg frei!" ist in diesem Sinn durchaus ein passendes Motto für ambitionierte Führungskräfte.

Mitarbeiter coachen

Als Führungskraft haben Sie die Aufgabe, die Fähigkeiten Ihrer Mitarbeiter ständig auszubauen. Schließlich wollen sie und Ihre Abteilung wettbewerbsfähig bleiben. Das heißt, Sie sollten sich nicht nur als Teamleiter, sondern auch als Mannschaftsentwickler verstehen, als Trainer oder Coach. Als solcher haben Sie folgende Aufgaben:

Checkliste: So coachen Sie Ihre Mitarbeiter

Aufgaben	Führungswerkzeuge
Einen (aktuellen) Überblick über die Stärken, Schwächen und Entwicklungspotenziale seines Teams haben	■ Performance-Analyse des Teams ■ Team-Analyse in Bezug auf Gruppendynamik
Einen (aktuellen) Überblick über die Stärken, Schwächen und Entwicklungspotenziale der Mitarbeiter haben	■ Mitarbeiterbeurteilung
Die auf das Team oder die einzelnen Mitarbeiter bezogenen Optimierungspotenziale nutzen	■ Teamentwicklung (Team-Workshop) ■ Prozessanalyse und Prozessoptimierung
Ansprechbar sein, wenn Mitarbeiter Rat, Unterstützung, Hilfe oder spezielle Anweisung benötigen	■ Delegation nutzen ■ Personalentwicklung (Entwicklungs-, Mitarbeiter- und Zielvereinbarungsgespräch)

Unterstützung und Hilfe kann aber – von Ausnahmen im Einzelfall abgesehen – nicht bedeuten, den Mitarbeitern ihre Aufgaben abzunehmen. Dies betrifft die rein operativen Handlungen ebenso wie die dafür notwenige Initiative, die Entscheidungskompetenz sowie die Fähigkeit zur Problemlösung. Hier gilt es, nicht nur zu entlasten, sondern auch zu fordern, zu fördern und damit weiterzuentwickeln.

Coaching im Delegationsprozess

Wenn der Mitarbeiter sich außerstande sieht, bestimmte Aufgaben selbstständig zu erfüllen, haben Sie folgende Möglichkeiten:

- Arbeiten Sie prinzipiell mit Instrumenten aus Zielvereinbarung (Management by Objectives) und Projektmanagement. Dazu zählt etwa, Aufgaben und Ziele smart zu definieren oder Meilensteine in einem verbindlichen Zeitplan zu erstellen und die Kontrollen entsprechend zu gestalten.

- Auch wenn Sie Störungen nicht immer zulassen sollten: Organisieren Sie Ihr Zeitmanagement so, dass Sie etwa zehn Minuten Zeit erübrigen können, wenn ein Mitarbeiter Sie um ein Gespräch bittet. Lassen Sie in Ihrem Tagesplan entsprechend Puffer. Stellen Sie fest, dass der Anlass wirklich wichtig ist und die Zeit drängt, führen Sie das Gespräch möglichst sofort.

- Wie bereits erwähnt, sollten Ihre Mitarbeiter Problemgespräche vorbereiten. Sie sollten in der Lage sein, das Problem kurz zu beschreiben und Ihnen mitzuteilen, warum und wofür sie Unterstützung brauchen.

- „Wer fragt, der führt!" Halten Sie sich also mit klassischen Ratschlägen zurück und versuchen Sie stattdessen, durch offene Fragen herauszufinden, was Ihr Mitarbeiter bisher unternommen hat. Wie ist er vorgegangen, um das Problem zu lösen? Warum hat er bestimmte Dinge unterlassen? Wenn Sie wissen, wie Ihr Mitarbeiter denkt und handelt, können Sie auch adäquat helfen

- Widerstehen Sie dem Impuls, Ihrem Mitarbeiter die Aufgabe abzunehmen. Überlegen Sie, wie Sie ihn stattdessen mittelfristig zur Erledigung befähigen. Akzeptieren Sie, dass er manches auf andere Weise umsetzt als Sie. Geben Sie einen Teil der Verantwortung ab!

- Besprechen Sie mit Ihrem Mitarbeiter, wie die weiteren Schritte konkret aussehen könnten. Formulieren Sie Ihre Erwartungen, z.B. an die Qualität der Arbeit, das Maß der Selbstständigkeit, die Termine usw.

- Manchmal kann es auch hilfreich sein, den Mitarbeiter nach einem kürzeren Gespräch zur „Sortierhilfe" aufzufordern: Dann soll er das Besprochene bis zum nächsten Tag überdenken und sich die nächsten Schritte überlegen. Für den Tag darauf planen Sie ein kurzes Folgegespräch ein. Wichtig ist, dass der Mitarbeiter Ihr Büro nicht im Glauben verlässt: „Ich habe jemanden gefunden, der mir die Verantwortung, das Denken oder das Handeln abgenommen hat."

Auf einen Blick: Fördern und fordern

- Mitarbeiter erwarten von ihrem Vorgesetzten, dass er loslassen kann. Sie wünschen sich bei der Erledigung ihrer Aufgaben Selbstständigkeit, Freiheiten und Entscheidungsbefugnisse. Sie schätzen ein ehrliches Feedback und wünschen sich Anerkennung für ihre Leistungen. Wer dies beim Delegieren berücksichtigt, kann viel zur Motivation seiner Mitarbeiter beitragen.

- Nachhaltige Motivation entsteht nur dann, wenn das Ziel einer Aufgabe klar ist und der Weg dahin hinreichend motivierende Kriterien erfüllt. Hier zählen Spaß an der Arbeit oder ein gutes Arbeitsklima, aber auch der Erfolg selbst.

- Nutzen Sie die systematische Beurteilung Ihrer Mitarbeiter, um Delegationspotenziale oder Förderthemen zu identifizieren. Zeigt ein Mitarbeiter Schwächen in einem bestimmten Bereich, können Sie ihm gezielt eine Aufgabe übertragen, die ihn hier fordert. Das bedeutet: Mittels Delegation können Sie Ihre Mitarbeiter weiterentwickeln.

- Statt die Delegation bei Misserfolgen einzuschränken, sollten Sie hilflose Mitarbeiter coachen. Das bedeutet, sie mit Gesprächen und gezielter Hilfestellungen in die Lage zu versetzen, die Aufgabe zu Ende zu führen.

Delegationspraxis optimieren

Die Beherrschung der Delegationswerkzeuge ist das eine – ihre Umsetzung im Führungsalltag das andere. Denken Sie noch einmal an den Test vom Anfang dieses Buchs: Können Sie von sich behaupten, konsequent und systematisch zu delegieren?

Lesen Sie in diesem letzten Abschnitt,

- was dahinter stecken kann, wenn Führungskräfte Aufgaben nicht abgeben, und mit welchen Einstellungen sich dem begegnen lässt,
- wie Sie konkrete Tätigkeiten identifizieren, die Sie unbedingt delegieren sollten, und
- wie Sie ein Zeitmanagement-Tool dabei unterstützt.

Aktiv delegieren will gelernt sein

Zum ersten Mal Führungskraft

Wer erstmals in eine Führungsposition aufsteigt, muss in der Regel erst lernen, seine neue Rolle adäquat auszufüllen. Gerade ehemalige Fachkräfte tun sich mit diesem Wechsel eher schwer. Nicht wenige bleiben im Operativen stecken, und zwar nicht aus Ignoranz oder Unfähigkeit, sondern weil sie sich von ihrem alten Arbeitsstil, der sich bislang bewährt hat, nicht trennen können. Es liegt auf der Hand, dass nicht alles, was in der alten Rolle gut war, auch in der neuen von Vorteil ist. Die Aufgaben verändern sich und mit ihnen die geforderten Fähigkeiten. Das gilt besonders für das Delegieren.

Beispiel: Helfen – wo es geht?

 Die Personalreferentin hat sich durch gute fachliche Arbeit, Umsicht und Verlässlichkeit ausgezeichnet und so im Unternehmen hochgearbeitet. Nun führt sie ein Team von 20 Kollegen. Doch wenn sie von ihren Mitarbeitern um Hilfe gebeten wird, kann sie nicht Nein sagen. Schließlich hat sie als Teamplayerin die anderen immer unterstützt – warum sollte sie ihr kollegiales Verhalten jetzt auf einmal aufgeben?

Schützen Sie sich vor Überlastung

Wenn man sich zur Führungskraft entwickelt hat, muss man sich von der Vorstellung lösen, dass man überall gebraucht wird und mit anpacken muss. Und man darf sich nicht die Probleme seiner Mitarbeiter auf die Schultern laden.

> Um sich vor Aufgabenüberlastung zu schützen, müssen Sie nicht nur aktiv delegieren, sondern auch lernen, Nein zu sagen.

Analysieren Sie Ihre Situation

Damit Sie in Zukunft besser delegieren, sollten Sie genau wissen, wo Ihre „Schwächen" liegen. Dafür lohnt es sich, eine kritische Selbstanalyse vorzunehmen. Nehmen Sie sich etwas Zeit, um die folgenden Punkte zu klären.

Schritt für Schritt: Wo delegiere ich zu wenig?

1. **Stimmt mein Aufgabenportfolio?**
   Prüfen Sie im Schnell-Check Ihr Aufgaben-Portfolio. Gehören Sie zu den Führungskräften, die gern an den „falschen" Aufgaben sitzen?

2. **Mit welchen delegierbaren Tätigkeiten verbringe ich meine Zeit?**
   Eine Ist-Analyse verschafft Klarheit: Prüfen Sie eine typische Arbeitswoche, um festzustellen, wie viel Zeit Sie mit delegierbaren Aufgaben verbringen. Zeit, die für Ihre eigentlichen Managementaufgaben verloren geht.

3. **Warum delegiere ich zu wenig?**
   Es lassen sich immer Argumente finden, warum man als Führungskraft Aufgaben an sich zieht, die andere viel besser machen könnten. Finden Sie heraus, welche Motive und Triebfedern Sie am Loslassen hindern.

Schritt 1: Prüfen Sie Ihr Aufgabenportfolio

Im ersten Schritt sollten Sie sich kritisch mit ihrem Aufgabenportfolio auseinander setzen. Gibt es Tätigkeiten, die Sie nicht zwingend selbst ausführen müssten? Nutzen Sie dazu die folgende Checkliste. Kreuzen Sie an, welche Aufgaben Sie regelmäßig übernehmen.

Checkliste: Stimmt mein Aufgabenportfolio?

Ich habe aktuell viele Aufgaben, ...	Ja
die über meine Rolle als letzte Instanz, Unterzeichner, (formal) Verantwortlicher, Prüfinstanz etc. hinausgehen.	
die über Hilfsgesuche, Nachfragen, Nachbesserungen oder gar komplette Übernahmen der Aufgaben meiner Mitarbeiter zustande kommen (und nicht zu meinen eigentlichen Aufgaben gehören).	
die sich nicht in meiner Stellenbeschreibung wiederfinden.	
für die ich überqualifiziert bin (und zu teuer bezahlt).	
für die ich nicht ausgebildet bin bzw. eingestellt wurde.	
die Kollegen in vergleichbaren Positionen / Unternehmen von ihren Mitarbeitern oder externen Dienstleistern ausführen lassen.	

für die einzelne meiner Mitarbeiter speziell ausgebildet / eingestellt wurden.

die administrativer Art sind (Beschaffung, Schrift-
verkehr, Ablage ...).

Ich sitze in Besprechungen, die mehr meine Mitarbeiter als mich selbst betreffen.

Ich unternehme Dienstreisen, um an Information zu
kommen oder andere zu informieren.

In der Summe bin ich mit mehr als 50 % meiner
Arbeitszeit mit den angekreuzten Aufgaben beschäftigt.

Wenn Sie die letzte Frage mit „Ja" beantwortet haben, gehören Sie in jedem Fall zu den Führungskräften, die sich zu
viel aufladen.

> Für die angekreuzten Aufgaben gilt: Sie sollten beginnen, sie konsequent
> zu delegieren, um sich wieder ihren eigentlichen Managementaufgaben
> widmen zu können.

Schritt 2: Führen Sie ein Aufwandsprotokoll

Schaffen Sie nun Transparenz in Ihrer Ressourcenplanung.
Dazu führen Sie am besten eine Woche lang genau Protokoll
über Ihre Tätigkeiten und die damit verbundenen Aufwände.
Wählen Sie eine möglichst typische Woche mit einem reprä-
sentativen Mix aus Dienstreisen, Besprechungen, Schreib-
tischarbeit, administrativen Vorgängen etc. Alternativ können

Sie das Protokoll auch an fünf einzelnen Arbeitstagen führen, die inhaltlich ebenfalls repräsentativ sein sollten. Nutzen Sie dazu die folgende Vorlage.

Tagesprotokoll: Womit verbringe ich meine Zeit?

Zeit	Tätig- keit	Ziel / Grund der Tä- tigkeit	Art der Aufgabe		
			Führung, strate- gisch, team- bezogen	opera- tiv, ad- minis- trativ	Selbst- manage- ment
08:00					
08:15					
08:30					
08:45					
09:00					
09:15					
09:30					
09:45					
...					
18:45					
19:00					

Und so füllen Sie das Protokoll aus:

- **Protokollieren Sie jeden Tag im Viertelstundentakt.** So fallen auch kürzere Tätigkeiten wie Ad-hoc-Besprechungen, Telefonate, E-Mails nicht unter den Tisch.

- **Bestimmen Sie die Art der Aufgabe erst am Ende des Protokollzeitraumes,** damit sich etwas Abstand zwischen Dokumentation und Bewertung bilden kann. Ansonsten ist man gern geneigt, zu viele Aufgaben als strategisch (wichtig) umzudeuten. Etwas mehr Zeitabstand sorgt für mehr Distanz.

- **Strategische und teambezogene Tätigkeiten** sind Aufgaben wie: Planung des nächsten Jahres, Erstellung eines Leitbildes, Prozessanalysen, Besprechungen mit strategischen Inhalten (z. B. Entscheidungen), Benchmarking betreiben, Besprechung mit den Mitarbeitern des Teams, Mitarbeitergespräche, Beurteilungsgespräche, eigene fachliche Fortbildungen etc.

- **Operative und administrative Tätigkeiten** sind Aufgaben wie: Kundenanfragen beantworten, statistische Aufgaben, Berichte erstellen, Fehler beheben, Beschaffungen, Routinetätigkeiten, Beschaffung nicht vertraulicher Informationen, Konzepte erstellen (erster Entwurf), Bedarfsermittlungen durchführen, Dienstreisen oder Besprechungen ohne strategische Bedeutung (z. B. Entscheidungen treffen) etc.

- **Aufgaben aus dem Bereich Selbstmanagement** sind Tätigkeiten wie Zeit- und Aufgabenplanung, Fortbildungen, Literatur lesen, Post und E-Mails (ohne Cc-Mails), Networking mit Kollegen, Entscheidern und Kontakten außerhalb der Firma, sowie der Erholung dienende Tätigkeiten.

So werten Sie die Ergebnisse aus

Rechnen Sie nach Beendigung Ihres Protokollzeitraumes aus, wie viel Zeit Sie jeweils pro Tag / pro Woche investiert haben:

- für strategische bzw. teambezogene Aufgaben: __ Stunden
- für operative bzw. administrative Aufgaben: __ Stunden
- für Aufgaben aus dem Bereich Selbstmanagement: __ Stunden

Errechnen Sie dann den jeweiligen Anteil an der gesamten (protokollierten) Zeit.

Sicher können Sie selbst am besten beurteilen, ob Sie mit dem Ergebnis zufrieden sind. Denn natürlich sind die Führungsaufgaben in verschiedenen Positionen, Unternehmen und Branchen recht unterschiedlich. Ansonsten können Sie sich an folgendem groben Maßstab orientieren:

- Auf operativ-administrative Aufgaben sollten Sie nicht mehr als 30 % Ihres Zeitbudgets verwenden,
- auf Selbst- und Zeitmanagement nicht mehr als 20 %,
- für strategische und mitarbeiterbezogene Aufgaben sollten Sie ungefähr 50 % Ihrer Zeit übrig haben.

> Ziel ist, dass sich Ihre verschiedenen Aufgabenbereiche in einem gesunden Verhältnis befinden.

Sollten Sie nicht zufrieden sein und den Anteil im operativ-administrativen Bereich als zu hoch ansehen, empfehlen wir, den nächsten Diagnoseschritt vorzunehmen.

Schritt 3: Warum lasse ich nicht los?

Wenn man Sie nun fragen würde, warum Sie sich mit Aufgaben belasten, für die Sie eigentlich nicht zuständig sind, fallen Ihnen womöglich auf Anhieb plausible Erklärungen ein: In Ihrer Abteilung herrscht akuter Personalmangel. Sie trauen die Aufgabe keinem Ihrer Mitarbeiter zu. Doch sind Sie sicher, dass diese Gründe belastbar sind und so auch von dritten Personen (Ihren Kollegen, Vorgesetzten, Mitarbeitern) geteilt würden? Manchmal sind es nämlich eher persönliche Motive, die eine Führungskraft dazu veranlassen, die „falschen" Aufgaben an sich zu ziehen. Die Bedürfnisse bzw. psychischen Triebfedern, die hinter dem Verhaltensmuster „Mache ich selbst" stecken, sind den Betroffenen allerdings selten bewusst. Diese Triebfedern sind menschlich und durchaus wertvoll. Allein ihre Übertreibung kann sich vom Segen zum Fluch entwickeln.

Mit der Aufgabe Autorität demonstrieren

Manchmal glauben Führungskräfte, delegierbare Aufgaben selbst tun zu müssen, um ihre Autorität zu untermauern. Zu diesem Verhalten neigen insbesondere „Alpha-Tiere". Sie machen alles zur Chefsache, insbesondere Aufgaben, die mit „hoheitlichen" Funktionen zu tun haben, wie Mittelzuweisungen, Entscheidungen oder die Gewährung von Ansprüchen.

Beispiel: Ich bin hier der Chef

Abteilungsleiter Wichtig gehört zu diesem Typ. Oft hört man ihn sagen: „Das muss über meinen Schreibtisch laufen!" – Selbst wenn es sich um eine völlig unbedeutende Entscheidungen handelt, will er das letzte Wort haben.

Wenn Sie bei Ihrer Aufgabenanalyse des Öfteren Aufgaben entdecken, die mehr dem Autoritätsbedürfnis als der strategischen oder operativen Notwendigkeit geschuldet sind, sollten Sie versuchen, umzudenken: Wirklich souveräne Führung (Machtausübung) zeigt sich, indem Befugnisse und Entscheidungskompetenzen nach unten verteilt (delegiert) werden. Dies wird von Ihren Mitarbeitern und Ihren Vorgesetzten mehr respektiert als die Anhäufung autokratischer Machtfülle. Ein Umstand, den viele Führungskräfte ignorieren.

Nach dem Lustprinzip handeln

Vielleicht kennen Sie das: Sie widmen sich einer eher unwichtigen Aufgabe vor allem deshalb, weil sie Spaß macht. Hier ist die Triebfeder, die das Delegieren verhindert, der Lust- bzw. Spieltrieb. Es kann auch, dann aber mit weniger Freude verbunden, eine Zwanghaftigkeit dahinterstecken, was bei zum Beispiel pedantischen oder perfektionistisch veranlagten Menschen vorkommt.

Beispiel: Detailarbeit

Gruppenleiter Richtig, Sohn einer Deutschlehrerin, kann es nicht lassen, Rechtschreibfehler zu korrigieren. Als er merkt, dass ein Mitarbeiter besonders gern *das* und *dass* verwechselt, lässt er sich von ihm alle wichtigen Texte zur Kontrolle vorlegen, anstatt den Mitarbeiter auf ein Rechtschreibseminar zu schicken. Aber nicht nur das: Er liebt es auch, wenn Tabellen farbig gestaltet sind. Und daher verwendet er reichlich Zeit auf das Layouten seiner Excel-Analysen.

Wenn Sie bei Ihrer Selbstanalyse feststellen, dass Sie oft und ausgiebig mit Tätigkeiten beschäftigt sind, weil Sie damit Ihrem Spieltrieb oder einem inneren Zwang folgen, delegieren Sie diese Aufgaben konsequent. Aber prüfen Sie vorher, ob die Aufgabe nicht generell überflüssig ist.

Hilfreich ist es, sich an das sog. Pareto-Prinzip zu erinnern: 80 % des Ergebnisses einer Aufgabe erreicht man in 20 % der aufgewendeten Zeit. Im Umkehrschluss heißt das: 80 % des Aufwandes wird auf den „Feinschliff" des Ergebnisses, die letzten 20 % des Ergebnisses verwendet.

Herausforderungen suchen

Dahinter verbirgt sich das natürliche Bedürfnis nach Bestätigung der eigenen Kompetenz. Dies bezeichnet man in der Psychologie auch als das Bedürfnis nach Selbstwirksamkeit („Ich bin fähig und erfolgreich!"). Betroffene Führungskräfte neigen dazu, Herausforderungen zu suchen, die sie bestätigen. Sie sind sparsam im Delegieren, aber sehr eifrig darin, sich zusätzliche Baustellen zu erschließen. Sie verhalten sich nicht selten wie Bergsteiger, die von einem Achttausender zum nächsten ziehen.

Beispiel: Ehrgeiz geht vor Pragmatismus

Abteilungsleiter Sieger hat sich in den Kopf gesetzt, seine Abteilung im Rahmen des Qualitätsmanagements nach ISO 9004 zertifizieren zu lassen. Seine Mitarbeiter verstehen dieses Anliegen nicht, zumal das ganze Team zu mehr als 100 Prozent ausgelastet ist und die letzte interne Umstrukturierung noch

> nicht beendet ist. Weder Mitbewerber noch andere Abteilungen haben sich bisher einem solchen QS-Verfahren unterzogen. Deshalb unterstellt man Herrn Sicher reinen Ehrgeiz.

Wenn Sie in Ihrer Aufgabenanalyse solchen Tendenzen feststellen: Ihre Selbstwirksamkeit offenbart sich objektiv, wenn Sie sich und anderen beweisen, dass Sie das Führungsinstrument Delegation ebenso beherrschen wie ein effizientes Zeit- und Selbstmanagement.

Anerkennung suchen

Manchmal ist man verleitet, eine Aufgabe nur deshalb anzunehmen, weil man mit dem Ergebnis Anerkennung erhält. Soziologen beschreiben dies als das Bedürfnis nach sozialer Erwünschtheit: Ich tue etwas, nicht weil es an sich richtig und nützlich ist, sondern um dadurch Anerkennung zu erfahren.

Beispiel: Lob vom Mitarbeiter

> Frau Stolz, Leiterin der Abteilung Produktion, war früher im Bereich der Personalentwicklung tätig. Stehen heute Fortbildungsmaßnahmen an, liebt sie es nach wie vor, dezidierte Schulungspläne zu erarbeiten. Selbst ihr Mitarbeiter, Herr Ruhig, meint, dass dies niemand so gut könne wie sie. Und er freut sich insgeheim riesig, dass er eine Aufgabe weniger hat.

Wenn Sie sich als souveräne Führungskraft beweisen, die den Überblick behält, werden Sie von Ihren Mitarbeitern, Kollegen und Vorgesetzten Anerkennung ernten. Und zwar in weit höherem Maße, als wenn Sie Ihren Mitarbeitern die Aufgaben abnehmen. Suchen Sie Ihre Anerkennung besser darin, als Stratege, Planer oder Coach Ihres Teams wirksam zu sein.

Den Helfertrieb ausleben

Manche Aufgaben entstehen durch den sog. Helfertrieb. Wir sehen einen Menschen, der mit einer Aufgabe nicht gut zurecht kommt. Um ihm zu helfen, nehmen wir ihm die Arbeit ab. Dieser Reflex ist sympathisch, hat aber zwei Nachteile. Erstens bleiben jene Menschen, denen ständig geholfen wird, hilfsbedürftig. Und zweitens wird der Helfer und Retter von seinen eigenen und eigentlichen Aufgaben abgehalten.

Beispiel: Zu viel des Guten

 Abteilungsleiter Martin leitet eine kleine Forschungsabteilung. Einer seiner jungen Wissenschaftler tut sich recht schwer mit englischen Publikationen, die er regelmäßig zu erstellen hat. Herr Martin zeigt Verständnis, hatte er doch früher, vor seinem mehrjährigen USA-Aufenthalt, selbst Probleme mit der englischen Sprache. So hat er es sich zur Gewohnheit gemacht, die in sehr rudimentärem Englisch verfassten Artikel des Mitarbeiters zu überarbeiten.

Sie sollten Helfertätigkeiten delegieren. Anderweitige Hilfe zu aktivieren ist schließlich auch eine Maßnahme. Zweitens sollten Sie mehr Wert auf Nachhaltigkeit legen. Ein hilfsbedürftiger Mensch braucht primär Hilfe zur Selbsthilfe – im betrieblichen Rahmen heißt dies Fortbildung, Qualifizierung, Schulung oder Training –, und nicht die Aufrechterhaltung der Hilfsbedürftigkeit durch gut gemeinte Gesten.

Die Harmonie bewahren

Manche Aufgabe wird nur deshalb übernommen, um das Gleichgewicht in der Gruppe zu wahren. Bis zu einem gewissen Grad ist das auch gut so. Nur sollte man als Führungskraft darauf achten, dass man nicht mit seinem Harmoniebedürfnis permanente (Team-) Probleme zukleistert.

Beispiel: Die nachgiebige Chefin

 Frau Lieb leitet den Arbeitsbereich Reisekostenabrechnung. In der Abteilung gilt es als unangenehme Tätigkeit, die Reisekosten der oberen Führungskräfte abzurechnen. Erstens ist diese Zielgruppe immer sehr kritisch, wenn es Probleme mit der Regulierung gibt, und zweitens sind die Dienstreisen häufig sehr komplex. Steht wieder einmal eine solche Abrechnung an, wird gestritten, wer an der Reihe ist; jeder jammert, wie viel er zu tun hat. Meist endet die Geschichte damit, dass Frau Lieb den Vorgang an sich nimmt und die Arbeit „um des lieben Friedens Willens" selbst erledigt.

Frau Lieb handelt nett, aber nicht effizient. Besser, sie würde verbindliche Regeln vereinbaren, wer wann mit welchen unangenehmen Aufgaben betraut wird, sodass eine gerechte Verteilung erreicht wird. Abgesehen davon, dass man als Führungskraft einen Abteilungskonflikt offen ansprechen muss – nur um der Harmonie willen sollte man keine Aufgaben übernehmen.

Was sind meine Triebfedern?

Mit den Ergebnissen aus dem Aufwandsprotokoll können Sie jetzt selbstkritisch fragen, warum Sie an bestimmten Aufgaben festhalten. Ordnen Sie dazu den Tätigkeiten, die Sie festgehalten haben, die verantwortlichen Triebfedern zu. Sollten einzelne Triebfedern überproportional ausgeprägt sein, nehmen Sie sich die aufgeführten Hinweise zu alternativen Verhaltens- oder Denkweisen zu Herzen.

Warum halte ich an bestimmten Aufgaben fest?

Machttrieb

Lustprinzip, Spieltrieb

Selbstbestätigung /
Selbstwirksamkeit

Bedürfnis nach
Anerkennung

Helfertrieb

Harmoniebedürfnis

Setzen Sie die richtigen Prioritäten

Aus dem Zeitmanagement wissen wir, dass eine der wesentlichen Aufgaben einer Führungskraft darin besteht, zu erkennen, was wirklich wichtig ist. Sonst geht in der Flut von geplanten und ungeplanten Aufgaben das Wesentliche leicht unter.

Umgekehrt ist Prioritätensetzung wichtig für regelmäßiges Delegieren: Indem Sie entscheiden, was aktuell weniger wichtig ist, haben Sie schon Aufgaben identifiziert, die Sie sofort delegieren können.

Aufgaben planen mit dem Eisenhower-Schema

Das Schema auf der folgenden Seite, das auf den amerikanischen Präsidenten Dwight D. Eisenhower zurückgeht, kann Ihnen helfen, die richtigen Prioritäten zu setzen und die Bearbeitung Ihrer Aufgaben entsprechend zu organisieren.

Aus ihm lassen sich zwei für das Delegieren wichtige Erkenntnisse ableiten:

- **A-Aufgaben** sind, als gleichzeitig wichtige und dringliche Angelegenheiten, Aufgaben, die oft nicht delegierbar sind. Sie sollten daher von Ihnen persönlich wahrgenommen werden.

- **Für Ihre B-Aufgaben** sollten Sie sich regelmäßig Zeit reservieren. Zu diesen B-Aufgaben gehört z. B. das Nachhalten delegierter Aufgaben inklusive der Zeitplanung für Ihre Kontrolle bzw. Berichtstermine, oder die Planung von Maßnahmen zur Personal- und Teamentwicklung. Da zu vielen B-Aufgaben aber auch vorbereitende Tätigkeiten gehören, können Sie Teile davon, manchmal auch ganze B-Aufgaben, delegieren (Grobkonzepte, Planentwürfe etc.). Nur Ihre eigene Planung sollten Sie nicht aus der Hand geben.

- **C-Aufgaben** sind vermeintlich dringlich, aber weniger wichtig. Im Eisenhower-Schema sind die C-Aufgaben klassische Delegationsaufgaben – oder ein Grund für ein freundliches „nein".

	B-Aufgaben	**A-Aufgaben**
hoch	**Quadrant des Notwendigen** Sofort terminieren Planung beginnen Delegierte Aufgaben kontrollieren	**Quadrant des Notwendigen** Sofort erledigen!
gering	**D-Aufgaben** **Quadrant der Verschwendung** → Papierkorb	**C-Aufgaben** **Quadrant der Täuschung** Nein sagen Ignorieren Delegieren Wiedervorlage
	gering **Dringlichkeit** **hoch**	

Das Eisenhower-Schema zur Klärung von Prioritäten

Für Ihre Zeit- und Aufgabenplanung bedeutet dies:

- Legen Sie mindestens einmal monatlich fest, welche strategischen B-Aufgaben Sie erledigen wollen bzw. müssen. Denken Sie dabei insbesondere an die Aufgaben aus der Planungspyramide.

- Blockieren Sie dafür in Ihrem Kalender ausreichend Zeit (z. B.: „Montag und Mittwoch von 14:00 bis 17:00 Uhr Strategiekonzept zur Prozessoptimierung").

- Delegieren Sie konsequent andere bzw. konkurrierende operative Aufgaben (außer anderweitige A-Aufgaben). Dokumentieren Sie alle delegierten Aufgaben und verfolgen Sie die deren Erfüllung (Erfolgskontrolle).

Auf einen Blick: Delegationspraxis optimieren

- Wer neu als Führungskraft ist, muss lernen, sich von alten Arbeitsweisen zu verabschieden. Insbesondere ist es jetzt wichtig, Delegationskompetenz zu erwerben.

- Die meisten Führungskräfte halsen sich Arbeiten auf, die eigentlich bei ihren Mitarbeitern liegen sollten. Eine Prüfung des eigenen Aufgabenportfolios sowie Tagesprotokolle sind die ersten Schritte, um sich von diesem Ballast zu trennen.

- Verringern Sie vor allem den operativen und administrativen Anteil deutlich. Sie müssen immer ausreichend Zeit für Ihre strategischen Aufgaben und Ihr Selbstmanagement haben.

- Nutzen Sie im Rahmen Ihres Zeitmanagements das Prioritäten-Schema von Eisenhower. Was Sie als C-Aufgaben identifiziert haben, sollten Sie konsequent delegieren.

- Hinterfragen Sie kritisch die Mechanismen, aufgrund derer Sie bestimmte Aufgaben an sich ziehen. Wollen Sie Macht demonstrieren? Brauchen Sie Bestätigung? Lenken Sie sich mit „schönen" Aufgaben ab? Wenn Sie Ihre Überlastungsfallen einmal erkannt haben, dürfte Ihnen die tägliche Entscheidung: „Das delegiere ich jetzt!" leicht fallen.

Literatur

Blanchard, K., et al.: Der Minuten Manager und der Klammer-Affe: Wie man lernt, sich nicht zu viel aufzuhalsen, Berlin, 2002.

Edlund, J.: Monkey Management: Wie Manager in weniger Zeit mehr erreichen, Münster, 2010.

Haller, R.: Checkbuch für Führungskräfte, München, 2009.

Oncken, W. und Wass, D. L.: Management Time: Who's Got the Monkey? Harvard Business Review, Reprint, Nov. – Dec. 1999, Page 1–9.

Stichwortverzeichnis

Abstimmung 52
Ängste 47
Anerkennung 97
Aufgabenplanung 120
Auftragsvergabe 45
Aufwandsprotokoll 109
Autorität 113

Berichtsformen 69

Coaching 100

Delegationsgespräch 46
Delegationskompetenz 18
Delegationsprozess 102
Delegationstest 6
Delegationsvereinbarung 50
Delegationsverhalten 6
Delegationsziele 39
Demotivation 87
Dokumentation 63

Eignung für Delegation 38
Eisenhower-Schema 120
Erwartungen 44, 84
Experte 32

Feedback 72
Fördermaßnahmen 91
Führung, operative 16
Führung, situative 31
Führungsstile 29

Gesprächsleitfaden 47

Harmoniebedürfnis 117
Helfertrieb 117

Kommunikation 70

Kompetenz (Mitarbeiter) 31
Kompetenzen, strategische 12
Kontrollen 67
Kontrollinstrumente 64

Leistungsbeurteilung 88
Lustprinzip 114

Missverständnisse 44
Mitarbeiterentwicklung 92
Mitarbeitertypen 32
Motivation 31, 91, 96
Motivationsfaktoren 97

Planung, strategische 12

Rahmenbedingungen 46
Reifegrad 31, 35
Routinetätigkeit 24
Rückdelegation 73
Rücksprachen 79

Selbstüberschätzung 32
Selbstwirksamkeit 115
Smart-Formel 40

Triebfedern 113

Überlastung 106

Verantwortung 19
Verbindlichkeit 54
Vertrauen 65

Weiterbildung 93
Wertschätzung 71

Zeitmanagement 61
Ziel 97

Impressum

Bibliografische Information der Deutschen Nationalbibliothek
Die Deutsche Nationalbibliothek verzeichnet diese Publikation in der Deutschen Natio-
nalbibliografie; detaillierte bibliografische Daten sind im Internet über
http://www.d-nb.de abrufbar.

Print: ISBN: 978-3-648-02541-3 Bestell-Nr.: 00390-0001
ePub: ISBN: 978-3-648-02543-7 Bestell-Nr.: 00390-0100
ePDF: ISBN: 978-3-648-02545-1 Bestell-Nr.: 00390-0150

Dr. Reinhold Haller
Delegieren
1. Auflage 2012, Freiburg

© 2012, Haufe-Lexware GmbH & Co. KG, Munzinger Straße 9, 79111 Freiburg
Redaktionsanschrift: Fraunhoferstraße 5, 82152 Planegg/München
Telefon: (089) 895 17-0
Telefax: (089) 895 17-290
Internet: www.haufe.de
E-Mail: online@haufe.de
Produktmanagement: Jürgen Fischer

Konzeption und Realisation: Sylvia Rein, 81371 München
Lektorat: Dr. Ilonka Kunow, Sylvia Rein
Satz: Beltz Bad Langensalza GmbH, 99947 Bad Langensalza
Umschlag: Kienle gestaltet, Stuttgart
Druck: freiburger graphische betriebe, 79108 Freiburg

Der Autor

Dr. phil. Reinhold Haller

Studium der Erziehungswissenschaft / Psychologie. Fortbildungsreferent an der Freien Universität und der Humboldt Universität Berlin. Später Leiter Personalentwicklung beim Deutschen Zentrum für Luft- und Raumfahrt. Fachhochschuldozent im Bereich Personalwirtschaft. Seit 1999 freiberuflicher Berater, Trainer und Coach mit Schwerpunkt Mitarbeiterführung.

Website: www.rh-hr.de

Weitere Literatur

„Checkbuch für Führungskräfte", von Dr. Reinhold Haller. 128 Seiten. EUR 6,90
ISBN 978-3-448-09302-5, Bestell-Nr. 01302

„Praxishandbuch Mitarbeiterführung. Führungstechniken konkret dargestellt", von Michael Lorenz und Uta Rohrschneider, 275 Seiten, mit CD-ROM, EUR 34,90.
ISBN 978-3-648-00334-3, Bestell-Nr. 04050

„Das erste Mal Chef", von Ralph Frenzel, 188 Seiten, EUR 14,80. 978-3-448-09261-5, Bestell-Nr. 00610

Haufe TaschenGuides
Kompakte Informationen zum kleinen Preis

Der Betrieb in Zahlen

- ABC des Finanz- und Rechnungswesens
- Balanced Scorecard
- Betriebswirtschaftliche Formeln
- Bilanzen
- BilMoG
- Buchführung
- Businessplan
- BWL Grundwissen
- BWL kompakt
- Controllinginstrumente
- Deckungsbeitragsrechnung
- Einnahmen-Überschussrechnung
- Englische Wirtschaftsbegriffe
- Finanz- und Liquiditätsplanung
- Finanzkennzahlen und Unternehmensbewertung
- Formelsammlung Betriebswirtschaft
- Formelsammlung Wirtschaftsmathematik
- IFRS
- Kaufmännisches Rechnen
- Kennzahlen
- Kontieren und buchen
- Kostenrechnung
- So funktioniert die Wirtschaft
- Statistik
- VWL Grundwissen

Mitarbeiter führen

- Besprechungen
- Delegieren
- Checkbuch für Führungskräfte
- Führungstechniken
- Die häufigsten Managementfehler
- Management
- Mitarbeitergespräche
- Moderation
- Motivation
- Neu als Chef
- Projektmanagement
- Qualitätsmanagement
- Spiele für Workshops und Seminare
- Teams führen
- Workshops
- Zielvereinbarungen und Jahresgespräche

Karriere

- Assessment Center
- Existenzgründung
- Gründungszuschuss
- Jobsuche und Bewerbung
- Vorstellungsgespräche

Geld und Specials

- Sichere Altersvorsorge
- Börse
- Energie sparen im Haushalt
- Geldanlage von A-Z
- Immobilien erwerben
- Immobilienfinanzierung
- Meine Ansprüche als Rentner
- Eher in Rente
- Web 2.0
- Zitate für Beruf und Karriere
- Zitate für besondere Anlässe

Persönliche Fähigkeiten

- Ihre Ausstrahlung
- Burnout
- Business-Knigge
- Mit Druck richtig umgehen
- Emotionale Intelligenz
- Entscheidungen treffen